奇跡の発酵調味料

みその教科書

実践料理研究家・みそ探訪家　岩木みさき 著

X-Knowledge

はじめに

みそは、日本の味、みそ汁を作るうえで欠かせない調味料のひとつです。日本にいたら、一度は食べたことがある食べ物ではないでしょうか。

そんな身近なみそですが、私の講座で「みそって何でしょう?」と質問すると、大豆、発酵食品、みそ汁、身体によさそう……など、片手で足りてしまうほどのキーワードしか出てこないという場面が多くありました。

私は10代の頃に拒食症、過食症、ひどい肌荒れに悩み、その経験から〝食べたもので身体はできている〟と、食の大切さを学びました。

料理の仕事をするうえで必ず使う調味料のことをもっと知りたいと思ったとき、料理家業界でも誰も追求していなかったみそについて深掘りすることを決めました。

「日本人として、もっと日本の食文化を学びたい」

「料理に携わる者として、もっとしっかり知識を身に付けたい」

「人にお伝えする立場なのだから、きちんとした情報を発信したい」

そんな想いを持ち、２０１６年春から始めたみそ探訪は、自費で日本各地を巡るため交通手段は夜行バス。「大変じゃない?」とよく質問されますが、大変さよりも好奇心が勝り、3年半で約60か所、回数にして１００回以上みそ蔵を訪ね歩きました。希少といわれながら、現在その数が把握されていない伝統製法・木桶仕込みのみそ蔵も、１か所ずつ訪ね、情報を集めています。

私の家にはみそ専用の冷蔵庫があり、１２０種類以上の愛すべきみそたちがいます。その日その日で目があったみそと食材を組み合わせていくうちに、和食、洋食、中華、さらにはエスニックやスイーツなど、多種多様な料理に使える万能調味料だと実感し、魅了されています。ハードスケジュールで全国を探訪していても元気でいられるのは、まさにみその力だと思っています。

この本には、近年注目されているみその健康効果のこと、知っているようでよく知らなかった分類のこと、すぐに実践できるみそ汁やみそを活用したレシピ、そして信念を持ち日々みそと向き合う造り手の方々の情報をぎゅっと詰め込みました。日本の大切な味のひとつだから、これから先もずっとずっと伝えていきたい——。日本人一人一人が、みそのことを自分の言葉で話せるようになってほしいのです。

この本を手に取ってくださったあなたも、ぜひ日本の伝統調味料・みその魅力を伝えていく一人になってください。この本が、生産者のみなさまと消費者のみなさまをつなぎ、たくさんの想いを紡ぐ一冊になればうれしいです。

実践料理研究家・みそ探訪家　岩木みさき

contents

全国米みそ蔵めぐり

豆みそガイド

豆みそレシピ

全国豆みそ蔵めぐり

麦みそガイド

麦みそレシピ

〈スタッフ〉
デザイン／工藤亜矢子（OKAPPA DESIGN）
写真／岩崎美里、sono（bean）
イラスト／唐仁原多里
調理アシスタント／さくらいしょうこ、真野 遥
撮影協力／UTUWA
印刷／シナノ書籍印刷

● 価格や連絡先などのデータは2020年2月3日現在の情報です。
● レシピ中の表示している小さじ1は5㎖、大さじ1は15㎖、1カップは200㎖です。
● 電子レンジの加熱時間は600Wを目安にしています。

日本人にみそが必要な7つの理由

日本で千年以上にわたって食されてきた「みそ」。多くの研究からさまざまな健康効果が立証されている、まさに“奇跡の発酵調味料”です。みそでおいしく、健康になりましょう！

1. 健康の要「腸」が元気になる

近年、健康のカギを握る器官として重要視されているのが「腸」です。腸内には、善玉菌や悪玉菌などから成る、腸内フローラという細菌叢《そう》があります。偏った食生活やストレスなどが原因となって悪玉菌が優位になると、「便秘」「免疫力の低下」「代謝の低下」「肌荒れ」など全身に不調が表れやすくなります。みそに含まれる麹菌や乳酸菌といった微生物は善玉菌のエサになり、腸の働きを活発にしてくれます。加熱すると微生物は死滅しますが、その死骸も善玉菌のエサになります。また、みその原料である大豆や米、麦には腸内環境を整える食物繊維も豊富に含まれます。みそを毎日食べることで腸内フローラの中の善玉菌が優勢になり、便通の改善や免疫力アップが期待できます。さらに、代謝が改善されるため、肥満の予防・改善、美肌にもつながります。

みそを食べる

↓

麹菌や乳酸菌などの微生物の死骸が腸に届く

麹由来の酵素を取り込める

大豆や麹由来の食物繊維を摂取できる

↓

腸内の善玉菌が活発になり、腸内環境が整う

↓

免疫力アップ

便秘改善

肥満予防

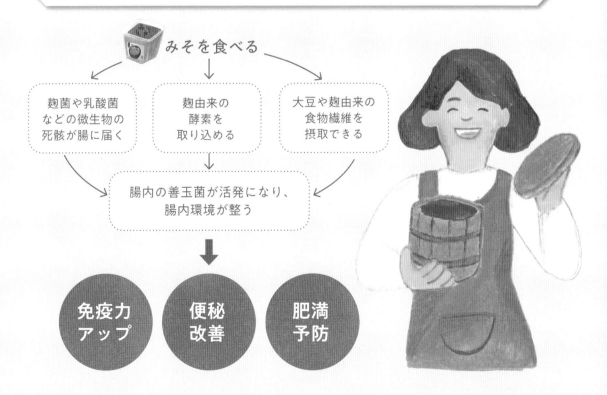

2. 血管や細胞の老化を緩やかにする

老化の原因は、血管や細胞が活性酸素によって傷つくこと。脳卒中や心筋梗塞の原因となる動脈硬化や生活習慣病、シミやしわを招きます。みそには発酵・熟成の過程で作られる「メラノイジン」や大豆由来の「DDMP サポニン」「大豆イソフラボン」など、活性酸素を除去する抗酸化物質が多く含まれます。サポニンは、大豆より発酵・熟成させたみそのほうが効率よく吸収できるといわれています。

3. がんの発生を予防する

厚生労働省や国立がん研究センターなどでは、みその摂取とがんの関係について、多くの研究が行われています。なかでも、みその摂取によって発生率や死亡率が低下することが明らかになっているのが､「乳がん」や「胃がん」です（P110参照）。2. でもお話ししたみそに含まれる「メラノイジン」や「DDMP サポニン」といった抗酸化物質が、がんの発生を抑制すると考えられています。

4. 美肌効果が期待できる

大手みそメーカー・マルコメによる、20 ～ 40 代の女性を対象にした実験では、糀*の割合が高いみそ汁を１日２杯、４週間飲んだ人は、飲んでいない人より肌の水分保持量が増え、シミやシミの原因となるメラニン量が減少していました。米糀中の「グルコシルセラミド」という成分によって肌のバリア機能が高まり、水分保持量が増えるのだと考えられています。みその摂取で腸内環境が整うことも、肌へのよい影響が期待できます。

＊「糀」は日本で作られた国字で、主に米麹をさす。

頬の角層水分量

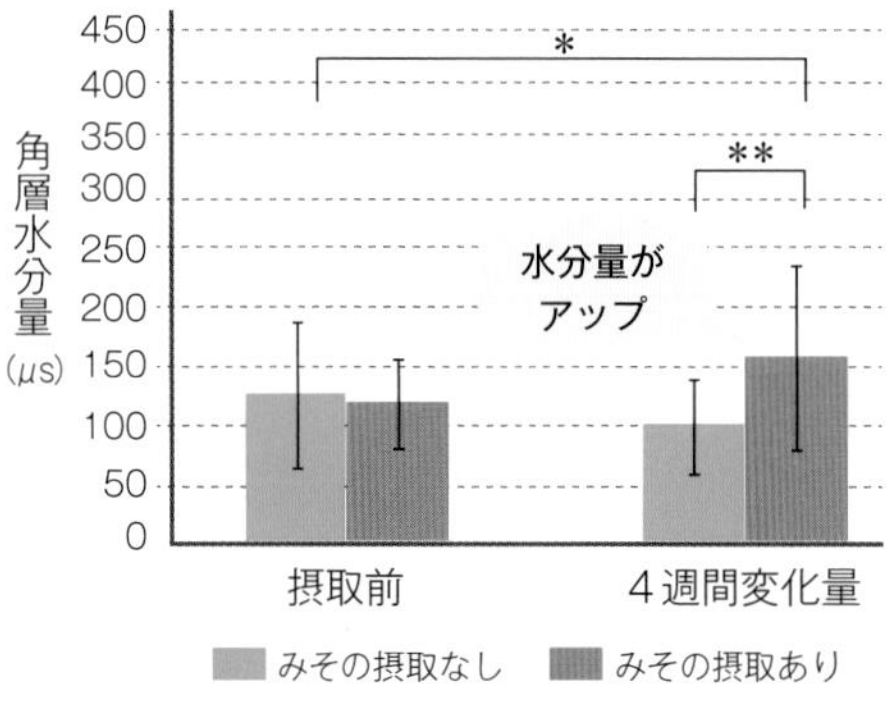

頬のシミの変化

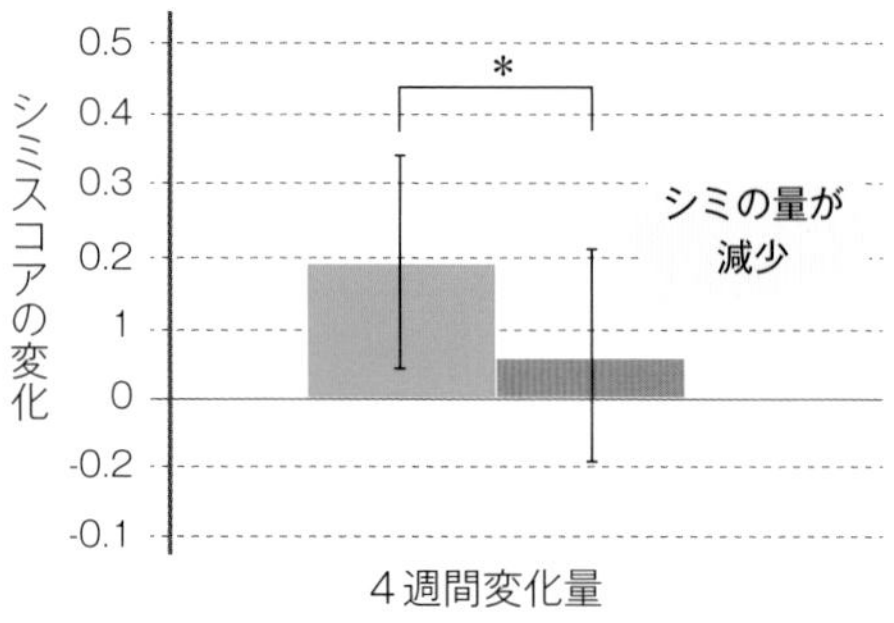

（出典：Foods 2018, 7, 94）

5. 生活習慣病のリスクが低下する

みその褐色色素・メラノイジンは、食後血糖値の上昇を緩やかにし「糖尿病」を予防する効果が期待できます。血糖値を下げるインスリンの分泌を担う、すい臓の働きを助ける効果も。メラノイジンがもっとも多く含まれるのは、豆みそです。また、原料の大豆にはサポニンやたんぱく質などコレステロールの上昇を抑える栄養素が多く含まれ、「脂質異常症」の予防につながります。意外かもしれませんが、「高血圧」の予防効果も。血圧を上昇させるホルモンの分泌を抑える高血圧防止ペプチドが含まれているのです。みそ汁を１日１回飲む人は、週に１回未満の人より高血圧になりにくい、という研究報告もあります。

6. リラックス効果で心が落ち着く

ラットにみそ汁を与えると、体を休憩モードにする副交感神経が優位になり、心拍数が下がったという研究があります。心身ともにリラックスした状態ということ。過度なストレスや疲れが続くと体を活動モードにする交感神経が優位になりすぎるので、毎日のみそ汁でほっと落ち着く時間をつくりましょう。

7. 認知症予防につながる

脳卒中が原因で発症する「脳血管性認知症」は、みそを食べて生活習慣病のリスクを下げることが発症予防につながります。さらに、認知症の約６割を占める「アルツハイマー型認知症」も、脳血管の老化が関係していると考えられています。みそで血管の健康を保つことが、予防につながる可能性があります。

かつてみそは薬だった？

現代のように科学的な研究が行われる前から、人々はみその健康効果を実感していました。みそ汁が広く浸透していた江戸時代、食の解説書『本朝食鑑』には、みそは毒を排出したり、血の巡りをよくしたり、皮膚を潤すなど“万能薬”として登場し、そのことを表すことわざも多く残っています。

ことわざ

「医者に金を払うよりも、みそ屋に払え」
「みそ汁一杯三里の力」「みそ汁は不老長寿の薬」など

第1章

みそって どんな調味料？

日本の伝統調味料「みそ」。
いつ、どこで生まれ、
どのようにして広まったのか――。
千年を超える歴史に思いを馳せつつ、
多様なみその世界をのぞいてみましょう。

みその歴史は日本の歴史？

弥生時代にはすでに みその原型が登場

現在、身近な食材として使われているみそですが、その歴史は紀元前までさかのぼります。

今から約三千年前の古代中国・周時代（紀元前11世紀年頃～紀元前２５６年）に書かれた「禮記《らいき》」という書物には、当時の食膳にのぼっていた食材や調味料の種類が挙げられています。１２０種もの「醤（ひしお／しょう）」という調味料が使われていたことが記されており、この醤がみその起源であるという説が有力です。

日本では、弥生時代（紀元前10世紀頃～紀元後3世紀頃）にみその原型が登場したと考えられてい

みその歴史的ニュース

飛鳥時代

538～710年

「みそ」が初めて国内の書物に登場

日本で醤の文字が初めてみられるのは７０１年に完成した「大宝律令」という法典。「未醤《みしょう》」という言葉が登場する。現代のみそとしょうゆの間の、もろみのようなものだったと考えられている。

奈良時代

710～794年

商品として売買されるように

奈良時代に記された「正倉院文書」では、未醤の文字とともに商品価格が記録されており、みそは売買交易の商品になっていたことがわかる。また、この時代に成立した万葉集には、ノビルを酢みそで食べていたこと、醤の作り方が詠まれた句がある。

平安時代

794～1185年

高級官僚の給与として支給される

高級官僚の給与や贈答品として重宝されるように。平安時代の世相がわかる「新猿楽記《しんさるがくき》」には、現在の大阪府・河内国で土製鍋とみそが特産品だったという記載がある。書物「延喜式」では、平安京の市に「未醤店」、すなわち日本初のみそ専門店が登場する。

ます。出土した弥生土器に密閉できるようなふたが備わっており、醤などの発酵食品を作るときに用いられていたと推測されているのです。このときに作られていたとされるのは、米・麦・豆などを発酵させた「穀醤《こくびしお》」、鳥獣の肉に塩を含ませた「肉醤《ししびしお》」、果実・野草・海藻などを塩に漬けた「草醤《くさびしお》」の3種類。現代のソースやしょうゆのような使い方をしていたようで、このうち穀醤が、後のみそに発展したといわれています。

現在のみそのように大豆と麹を原料とした醤の作り方は、6世紀頃に書かれた、現存する最古の農業技術書「斉民要術《せいみんようじゅつ》」の巻第八に記されています。この書物では、中国原産の大豆が朝鮮半島を渡って日本に伝わったとあります。その後、みそは一度も途絶えることなく、現代まで受け継がれてきたのです。

鎌倉時代

1185～1333年

水に溶けやすくする改良でみそ汁登場

禅僧の影響ですり鉢が広まり、粒が目立たず水に溶けやすい「すりみそ」が登場。みそ汁が作られるように。倹約の生活を心がけていた鎌倉武士の間で、ごはんにみそ汁をかける「汁かけ飯」の食事が定着した。

室町時代

1336～1573年

農民によるみそ作りがスタート

大豆栽培の量産化に成功し、農民にみそ作りが広がった。寺院がみそを販売し、各地にみそが浸透。下級武士の間ではみそ汁を囲む宴会「汁講」が行われた。また、料理流派の誕生で数多くのみそ料理が登場した。

戦国時代

1467～1590年

戦の勝敗を分ける貴重な食料源に

大量の汗をかき体力を消耗する武士にとって、塩分を含み、滋養のあるみそは、不可欠な食料源だった。各地の武将は、兵士にみそを行き渡らせるため、みそ造りから戦場に持って行く方法まで、知恵を絞った。

江戸時代

1603～1868年

庶民の食卓にも完全にみそが定着

公式の宴では、みそ汁や和え物のほか、器に酢みそを塗る「敷きみそ」の習慣も生まれた。大奥では三食みそ汁が登場したという。庶民的な食事処でもみそは欠かせないものになり、一般庶民の間にも広く浸透した。

戦時中

1941～1945年

一般市民による製造が禁止

第二次世界大戦中、みそは貴重な米を使用することから、製造が制限された。一方、陸軍の料理書「復刻軍隊調理法」には陸軍オリジナルのみそ汁の作り方や軍隊の携行食品として作られた粉みその記載もある。

現代

発酵食品として、健康効果が話題に！

近年、和食が健康的な食事であることが再注目され、伝統的な発酵食品であるみその持つ力も見直され始めている。日本のみならず世界中で健康志向が高まっていることから、海外からの需要も徐々に増えている。

みそ文化財
no.1
『興国寺』

金山寺みその起源とされる寺

700年以上の歴史をもつ古刹《こさつ》。JR紀勢本線・紀伊由良駅から徒歩15分ほど。近くまで路線バスも通っている。

「興国寺」は、安貞元年（1227）、葛 山景倫《かずらやまかげとも》という鎌倉幕府直属の家臣が、主君であった鎌倉幕府の第三代将軍・源実朝の菩提《ぼだい》を弔うため、真言宗「西方寺《さいほうじ》」と称して創建しました。

1258年、没後に法燈円明《ほっとうえんみょう》国師《こくし》という諡号《しごう》（高貴な人物に朝廷から授けられる贈り名）を得る禅僧「心地覚心《しんちかくしん》」を初代住職に迎えて興国寺と名を改めた後、末寺143カ寺を持つ臨済宗法燈派の大本山として全国に広まったとされています。

覚心は、興国寺の住職となる以前、建長元年（1249）から6年間、中国・宋の径山寺《きんざんじ》で修行に励みました。帰国の際、金山寺みそ（径山寺みそ）の醸造方法を持

1. 金山寺みそを販売している。元々は夏野菜を冬に食べるための保存食だった。2. 火事で再建に困っていた興国寺を赤城山の大天狗が一夜にして建立したという伝説が残る。毎年1月には天狗まつりが行われ、後世に伝説を伝えている。3. 木々に囲まれた本堂へと続く石段。秋には紅葉が美しい。

ち帰ったと伝えられています。このいわれから、和歌山県由良町は日本における金山寺みそとしょうゆの発祥地、また尺八が伝わった地として親しまれています。ただ、現在の興国寺には金山寺みそにまつわる文献などは残っておらず、口伝伝承されています。

金山寺みそは、白瓜、なす、しそ、しょうがなどが入っており、調味料ではなく副菜や酒の肴としてそのまま食べる「なめみそ」の一種。近畿地方の朝食がおかゆであったことから喜ばれ、定着したそうです。現在も、地元民は各家庭で金山寺みそを作っています。また、徳川家康の十男・徳川頼宣が幕府に献上させたことから、江戸にも広まったといわれています。

DATA

興国寺《こうこくじ》

和歌山県日高郡由良町門前 801
0738-65-0154
拝観料：無料

みそ文化財
no.2
『安養寺』

信州みそが発祥したと伝わる地

みそを伝えた心地覚心（法燈円明国師）の像。JR 小海線岩村田駅から車で約 10 分、佐久 IC からは約 15 分。

前ページで紹介した興国寺の初代住職・心地覚心は、現在の長野県松本市で誕生しました。「安養寺」は、覚心が地元・信濃国北佐久郡下平尾村（現在の佐久市下平尾）の地に興国寺の末寺として開き、寺で育てた大豆を使ってみそ作りを始めた場所と伝えられています。この「安養寺みそ」が、現在地元の特産品になっている「信州みそ」のルーツです。

覚心の遺言により、弟子の大歇《たいかつ》勇健《ゆうけん》（のちに正眼智鑑禅師という諡号《しごう》を授かる）が、貞治《じょうじ》の時代（１３６５年頃）、現在地に移して建設したと伝えられていますが、戦乱の火災のため現在の建物は江戸時代後期に建てられたものとされています。

1. 山門へと続く一本道。視界が開け、歩みを進めると心が鎮まる。すぐ側には全長９ｍ以上のケヤキの巨木「つきの木」がある。2. 朱色の屋根が印象的な安養寺の本堂。3.「麺匠佐蔵」の名物、安養寺ラーメンと安養寺餃子。ラーメンはスープに、餃子はたれに安養寺みそを使っている。

寺の本堂奥には、覚心の諡号である法燈円明国師《ほっとうえんみょうこくし》の像が祀られています。制作年代を示す記録は残っていませんが室町時代中期と推定されており、平成22年10月18日には長野県宝に指定されました。

平成16年、佐久平に蔵を構える和泉谷商店が、佐久平産大豆を１００％使用した安養寺みそを復活させました。佐久市では安養寺みそを使った安養寺ラーメンなどで町興しをしています。

中国・宋から金山寺みその製法を持ち帰り、地元でのちの特産品・信州みそを生み出した覚心。２つの〝みそ文化財〟を訪れてみて、みその歴史において、とても重要な人物であることがわかりました。

DATA

安養寺《あんようじ》

長野県佐久市安原 1687

0267-67-4398

拝観料：無料

みそ文化財
no.3
『味噌天神宮』

年に一度のみその祭事「味噌天神例大祭」

日本で唯一、みそを祀る神社「味噌天神宮」が熊本市にあります。奈良時代の和銅6年(713)、元明天皇のころに設立されました。当時悪疫が流行した際、この場所を「御祖天神《みそてんじん》」として祭祀すると、疫病がおさまったと伝えられています。

天平13年（741）に聖武天皇の勅令により各地に国分寺が置かれると、寺の僧侶達の食事にはよくみそが使われました。ある年、多量のみそが腐敗し困った僧侶たちが「御祖天神」に祈願したところ、「境内にある小笹を取り、みそ桶の中に立てよ」とのお告げがあり、その通りにしてみるとみそがおいしくなったのだそう。このことから「御祖天神」は「味噌天

味噌天神祭りは、毎年境内からあふれるほどの来場者で賑わう。熊本市電「味噌天神前駅」すぐ。

神社となりました。境内には、今でも立派な笹が生い茂っています。

神社では食べ物を神様として祀ることは本来なく、学説をたどっていくと、この場所は、元は菅原道真公の「御祖＝洋服」を納めていた「御《ぎょ》衣《い》天神《てんじん》」だったのではないかという説が有力です。

毎年10月25日に開催される「味噌天神例大祭」では、神主様にお祓いをしてもらう儀式が執り行われます。この祭は、50年前頃から続いているといいます。

近年では熊本味噌組合による、熊本名物南関あげ入りみそ汁の配布や、みそ約４００個の配布があり、多くの人で賑わう風物詩となっています。

DATA

味《み》噌《そ》天神宮《てんじんぐう》（本村神社《もとむらじんじゃ》）

熊本市中央区大江本町 7-1
096-362-4618
味噌天神秋季例大祭の開催は
毎年 10 月 25 日

1. 菅原道真公を祀っていることから、瓦やのぼり、はっぴに梅鉢の家紋が使用されている。2. 味噌天神例大祭に協賛する熊本味噌組合から来場者に無料配布されるみそ汁。熊本県内の麦みそを使用。3. みそ造りにご利益があるとされる笹は、一見の価値あり。4. 御朱印にもしっかり「味噌」の字が。参拝すれば、おいしい手前みそが作れるかも。

誤解が解けるみその分類

明確な基準がないため、誤解も多い

　みそと同じ発酵食品であるしょうゆをはじめ、食品には「日本農林規格＝ＪＡＳ」が設定されることが多いのですが、みそにはそれがありません。

　みそは、種類が多く規格を設けるために必須のグループ分けが困難だということ、加熱していないものは酵母や乳酸菌が生きたまま存在していて出荷後も栄養成分を消費すること、規格の基準となる化学的な分析値を維持することが難しいことなどが理由です。そのため、みそはＪＡＳ規格がなく、明確な基準がない食品なのです。

　全国各地に点在するみそは正確

みそを分類する3つのポイント

1 麹の種類

「米みそ」「豆みそ」「麦みそ」という言葉は、一度は聞いたことがあるのでは。原料はどれも大豆だが、使用している麹によって分類される。

2 味（甘・辛）の違い

塩味の強さによって、大きく3つに分類されている。同じ米みその中にも熟成期間の違いなどで甘口のものから辛口と呼ばれるものまである。

3 色の違い

見た目でわかりやすいのが色による分類。豆みそは基本的に長期熟成のため色の濃い赤みそだが、米みそや麦みそは、白から赤まで幅がある。

な商品数が把握されておらず、分類についても認知のされ方は曖昧です。しかし、みそのことを深掘りしていくと「麹の種類」「味（甘・辛）の違い」「色の違い」によって分類できることがわかりました。ここでは、多種多様なみその見分け方を身に付けるための、分類についてお話ししていきます。

1つ目は、使用する麹の種類による分け方。主に「米みそ」「豆みそ」「麦みそ」に分けられます。この分け方は、みその分類のもっとも基本になります。

＼＼ 誤解を解消！／／

麦みそや米みそは、大豆のかわりに麦や米を使っている？

↳ すべてのみそは大豆から作られる

ソテツみそ（P29）などの特例を除き、みそはすべて大豆を麹で分解したもの。麹の種類がみその名前になっています。

1. 麹の種類

みその原料

大豆 ＋ 麹 ＋ 塩

大豆を分解し発酵を進める麹は、必須の原料。みそ造りでは主に3種の麹が使われる。

米麹を使う

米みそ

白米や玄米からできる米麹を使って造られるみそ。もっとも出荷量が多い。味や色も種類が豊富。

豆麹を使う

豆みそ

大豆からできる豆麹を使って造られるみそ。名古屋名物・みそ煮込みうどんやみそかつに使われる。

麦麹を使う

麦みそ

大麦や裸麦からできる麦麹を使って造られるみそ。九州地方でよく食べられている。

2～3種類を合わせる

合わせみそ

数種類のみそを合わせた合わせみそも全国的に食べられている。豆みそが含まれている合わせみそは「赤だし」と呼ばれる。

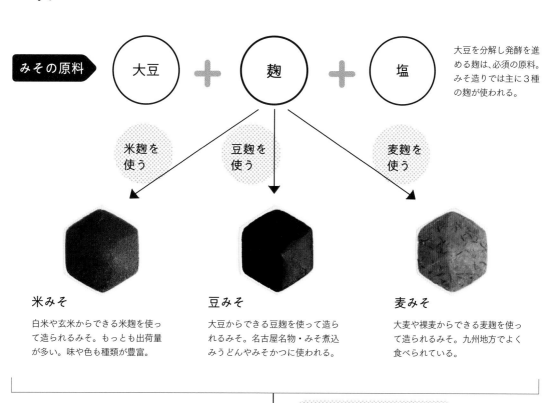

塩味の強さによって3つに分かれている

2つ目の分類方法は、味による分け方。みその味は甘味、塩味、旨味、酸味、苦味、渋味などが複雑に絡み合ってできていますが、一般的なみそ商品や、みその鑑評会では、主に「甘みそ」「甘口みそ」「辛口みそ」の3種に分類されています。

塩の量が多くなれば辛口になり、麹の量が多くなれば甘口になります。最近では麹を多く使用した甘めの味が好まれる傾向にあります。現在使用されている表記では甘口みその幅が広く、甘めの味から甘じょっぱい味がひとつのくくりになっているので、甘口の中でも塩味の立っているものは、個人的には「中辛」として認識しています。

甘口のみそはそのまま食べるのにほどよく、辛口のみそは塩分がしっかりしていて味が決まりやすいので調理におすすめです。

2. 味（甘・辛）の違い

塩分濃度

低

5~7%

甘みそ

関西地方で食べられている白みそや、東京の伝統的な江戸甘みそなどがある。関西地方では、正月に白みそを使った雑煮を食す文化がある。

7~11%

甘口みそ

流通している多くのみそが甘口みそに分類される。「甘口」と付くが、文字通り甘いものから、甘じょっぱいと感じるものまで幅広い。

11~13%

高

辛口みそ

塩味がもっとも強いのが、辛口みそ。すっきりした味わいが特長で、かつては主流だった。現在は主に北の地域で造られている。

中辛はどのくらい？

統一の定義はありませんが、私は最近増えている塩分濃度10%前後で高麹歩合のみそを中辛と位置付けています。以前は、保存性を高めるためにも塩分濃度の高い辛口のみそが多く造られていましたが、保存環境が整った現在は、中辛みそが増えているようです。

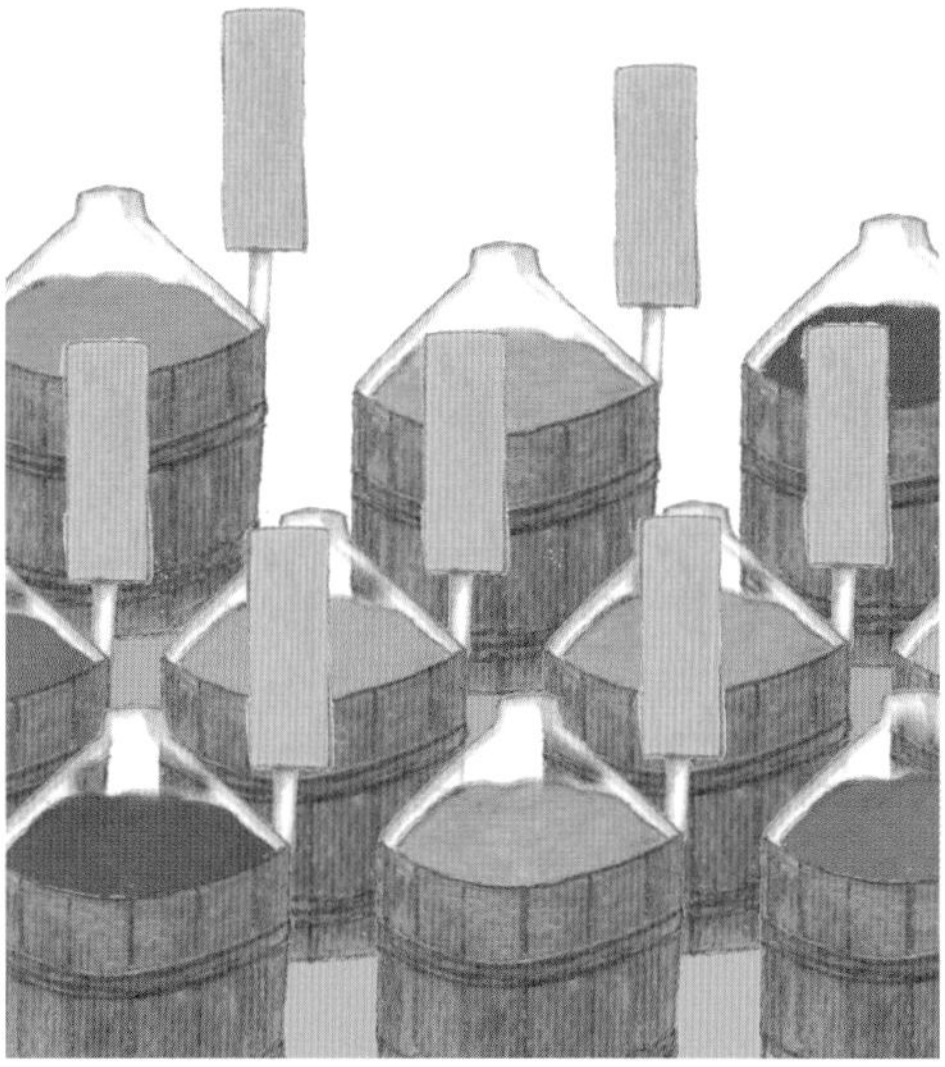

見た目ですぐわかる色による分類

3つ目は色による分け方です。みその色は白色、淡色、赤色に分類されています。

原料となる大豆の品種、大豆を煮るか蒸すかの加熱方法の違い、麹の量、発酵・熟成過程での管理温度、途中で混ぜるかどうかなど、いろいろな条件によって色味は異なってきます。

基本的には熟成期間が短いものは白色、熟成期間が長くなると淡色、赤色と変化していき、分類上にはありませんが熟成期間が長くなったものは黒色のようにもなります。

色が変化する褐変をメイラード反応といい、これは大豆や麹に含まれているたんぱく質と糖が反応して起きる現象です。白みそは白色がよりキレイに仕上がるように、大豆をゆでることでこの反応を弱くしています。

3. 色の違い

寝かせる時間

短 約1か月

白みそ

白色が美しい白みそは、寝かせる時間がもっとも短い。甘味が強いものが一般的だが、塩分が高めの商品もある。

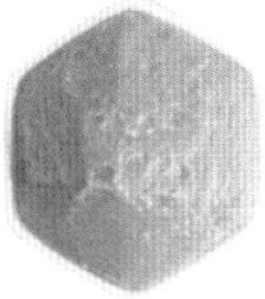

4~8か月

淡色みそ

全国的に流通している山吹色のみそ。最近の主流で、スーパーでもよく見かける。寝かせる時間は蔵やメーカーによって幅がある。

1年以上 長

赤みそ

1年以上寝かせたみそは色が濃くなる。熟成期間の長い米みそや麦みそ、豆みそがここに分類される。なかには黒色に近いものも。

寝かせるときの温度や麹の量によっても色が変わる

色の違いは、寝かせる時間の長さだけでなく、温度や麹の割合も関係しています。一般的に、寝かせるときの温度が高いほど、麹の割合が高いほど分解が早まって色が付きやすくなるといわれています。

\\ 誤解を解消！//

色が濃いほどしょっぱい?

↳ 色と塩分濃度は関係ない

色の濃いみそは見た目のイメージから塩分も高いと思われがちですが、色が濃い＝塩分濃度が高いわけではありません。

赤みそ＝豆みそ?

↳ 米の赤みそも多く出回っている

熟成期間の長い米みそや麦みその赤みそもあります。赤みそとの認識はなくても、米の赤みそは全国的に食べられています。

よく聞くけど
よく知らない

“みそ語”辞典

「西京みそ」や「八丁みそ」など、多くの人が耳にしたことがあっても、きちんと説明できる人は多くありません。ここでは、しっかり語れると周りから一目置かれる“みそ語”を解説します。

1. カクキューの屋号がついた木桶。**2.** まるやは令和元年に木桶を新調した。**3.** 地元岡崎で 150 年続く和太鼓専門店「三浦太鼓店」は、引退した八丁みその桶を再利用して「味噌六太鼓」を作っている。

『八丁みそ』

元祖は「カクキュー」と「まるや」

愛知県岡崎市にある岡崎城から西へ八丁＝約 870 mの距離にある八帖町（旧八丁村）で、旧東海道を挟んで向かい合っている２軒の老舗、「カクキュー」と「まるや」が伝統製法で造り続けている豆みその銘柄。豆みその一種です。岡崎城は、徳川家康の生まれた城として知られています。旧八丁村は、天然水が湧き出し、近くを流れる矢作川の水運によって吉良地方の塩と良質な大豆を入手することができた、みそ造りに適した立地でした。原料は大豆と塩のみ。木桶仕込みで、天然の川石を美しい円錐型に積み上げて重石にしています。天然醸造で二夏二冬以上寝かせて造られる八丁みそは、水分が少なく硬めで、大豆の旨味を凝縮した濃厚なコク、さらに他のみそではあまり感じられない酸味、渋味、苦味もあるのが特長です。

『西京みそ』

京都府内で作られる
甘さが特長の白みそ

平安時代の王朝文化の産物として京都で発祥しました。当時は砂糖の代わりとして和菓子などに使用され、その後、普茶料理や懐石料理に欠かせない材料として普及していきます。他の地域の白みそと違って西京みそは水飴などの甘味料は使用せず、麹歩合 20 歩、塩分 5 ～ 6%、熟成期間は 1 週間～ 10 日程で完成するのが特徴です。

『粒みそ』『こしみそ』

容器から出したときはすべて粒みそ。出荷前に大豆や麹などの粒をこしたものがこしみそ

原料の大豆や麹は完全には分解されず、粒が残ります。みそ汁の最後に沈殿している白い粒を思い浮かべるとわかりやすいでしょう。元々はどのみそも粒の残る「粒みそ」ですが、調理の際の利便性を考え、出荷前に粒をこしたのが「こしみそ」です。「すりみそ」ともいわれます。同じ銘柄で、粒タイプとこしタイプの2種類を販売している蔵元もあるので、お好みで選んでみてください。

粒みそ
大豆や麹の粒感が残っている

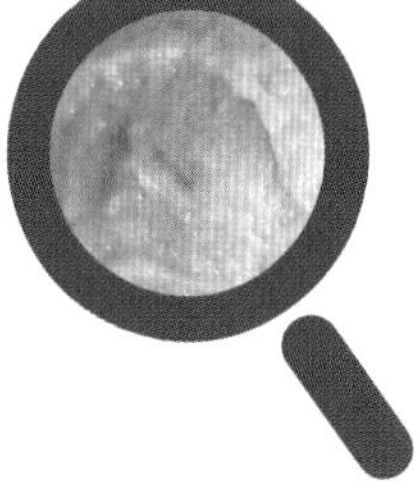

こしみそ・すりみそ
口当たりがなめらかで、調理しやすい

『生みそ』

出荷前に火入れをしていないみそのこと

みそは基本的に火入れして販売されています。その理由は、麹菌などの微生物が生きている状態だと、二酸化炭素を出してパッケージが膨らんだり、発酵が進んでみその色が変化していくためです。火入れされたみそでも大豆の食物繊維や微生物の死がいが腸内の善玉菌によい影響をもたらしますが、より高い健康効果を求める場合は、火入れされていない生みそがおすすめです。生みそは直接蔵元から購入するか、スーパーの冷蔵コーナーで購入できます。

生みその入手方法

1 スーパーの冷蔵コーナーをチェック
常温だと微生物の働きが活発になるため、スーパーなどでは、生みそは冷蔵コーナーに並べられる。

2 蔵元から直接購入する
蔵で販売しているのは、基本的には生みそ。注文を受けてから、桶から容器に詰めてくれることも。

『麹歩合』

大豆に対する麹の割合。一般的には高いほど甘いとされる

たとえば、大豆の量が10kgに対して麹が7kgなら麹歩合は7割、10kgに対して麹が20kgなら20割となります。一般的には、麹歩合が高い＝麹の割合が高いと甘味が強くなり、低い＝大豆の割合が高いと旨味が強くなるといわれています。「歩」で表すこともあります。

『発酵』

麹菌や乳酸菌などの微生物が体に有益な物質を作り出すこと

麹菌などの微生物は、食品中の糖などの有機物を分解します。このとき、人体に有益な物質が作り出されることを発酵といいます。似た言葉に「熟成」がありますが、熟成は微生物の働きは関係なく、時間をおくことで食品中のたんぱく質が旨味の素・アミノ酸に変わることです。

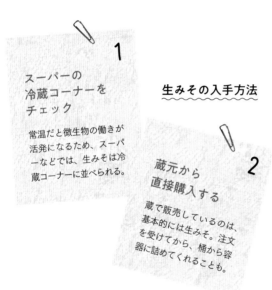

地図から読み解くみその地域性

① 麹からみる日本みそマップ

原料の麹によって分けた地図。"東海は豆""九州は麦"など、みそに対する一般的なイメージはこの分け方。同じ都道府県内でも、地域によって異なる場合も。たとえば、広島は地域によって麦と米に分かれる。合わせみそは全国どこでも親しまれている。

3種のみその出荷数量(%)

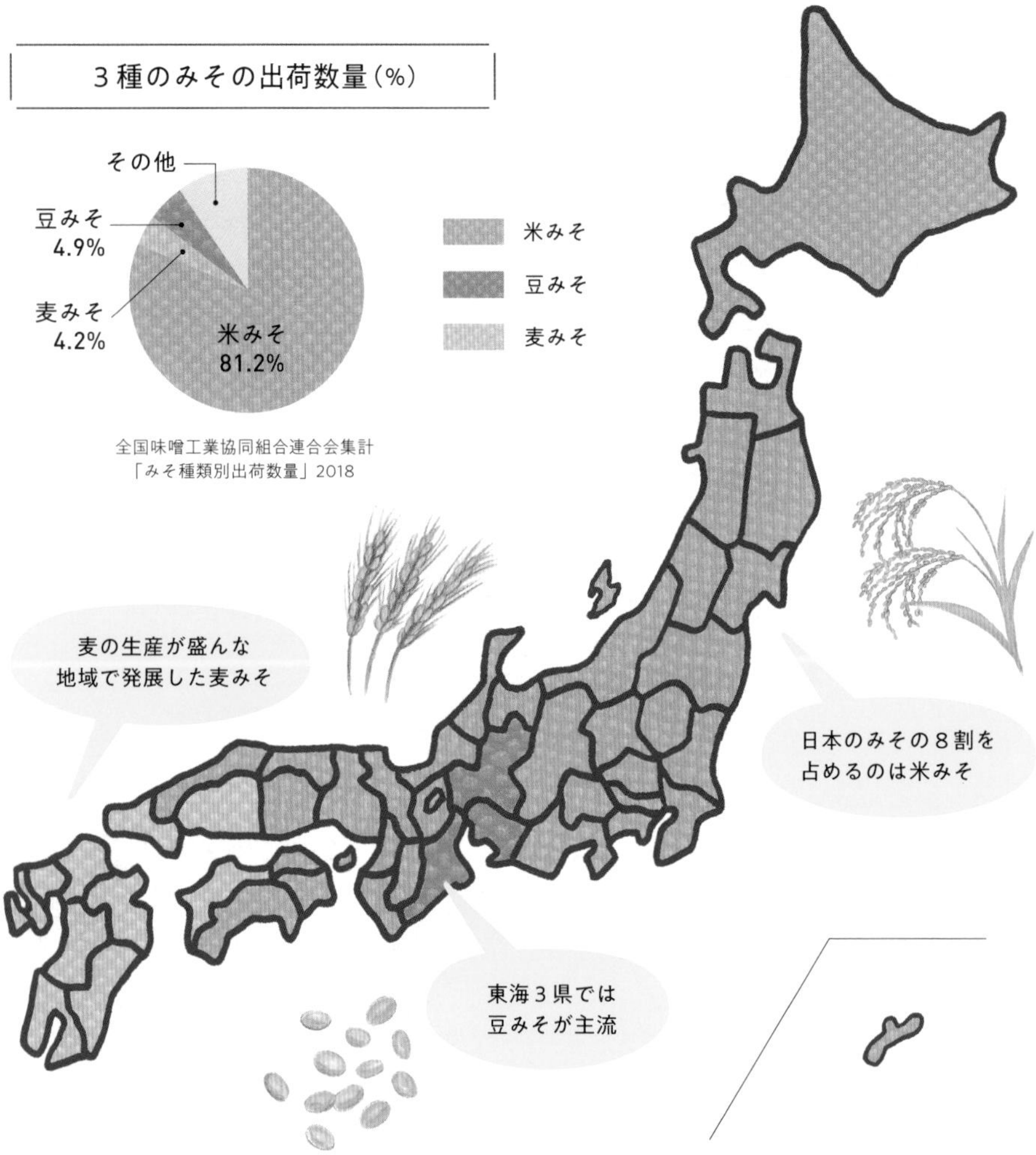

全国味噌工業協同組合連合会集計
「みそ種類別出荷数量」2018

みそは地域の歴史や文化を写す鏡

数ある調味料のなかで、みそほど地域性の強いものはないといっても過言ではありません。どのようなみそが使われているかは、その土地の歴史や食文化が大きく関係しています。

ここでは、「麹」「味わい」「ご当地みそ」の分布から、各都道府県のみそ事情を見ていきましょう。

また、みそを使った料理といえば、田楽やみそおでんが有名ですが、ご当地のみそを生かした魅力的な郷土料理も各地に多く残っています。新たな旅行の楽しみとして、ご当地みそからその地域の食文化に触れてみるのはいかがでしょう。

② 味わいからみる日本みそマップ

著者による現代のみその味わいによる分け方。近年は、全国的に塩分濃度が10％ほどのいわゆる“中辛”みそが多くなっている。麦みその地域は甘口。同じ都道府県でも地域によって異なる場合や、東京のように伝統的なみそと普段使いのみそが異なっている場合もある。

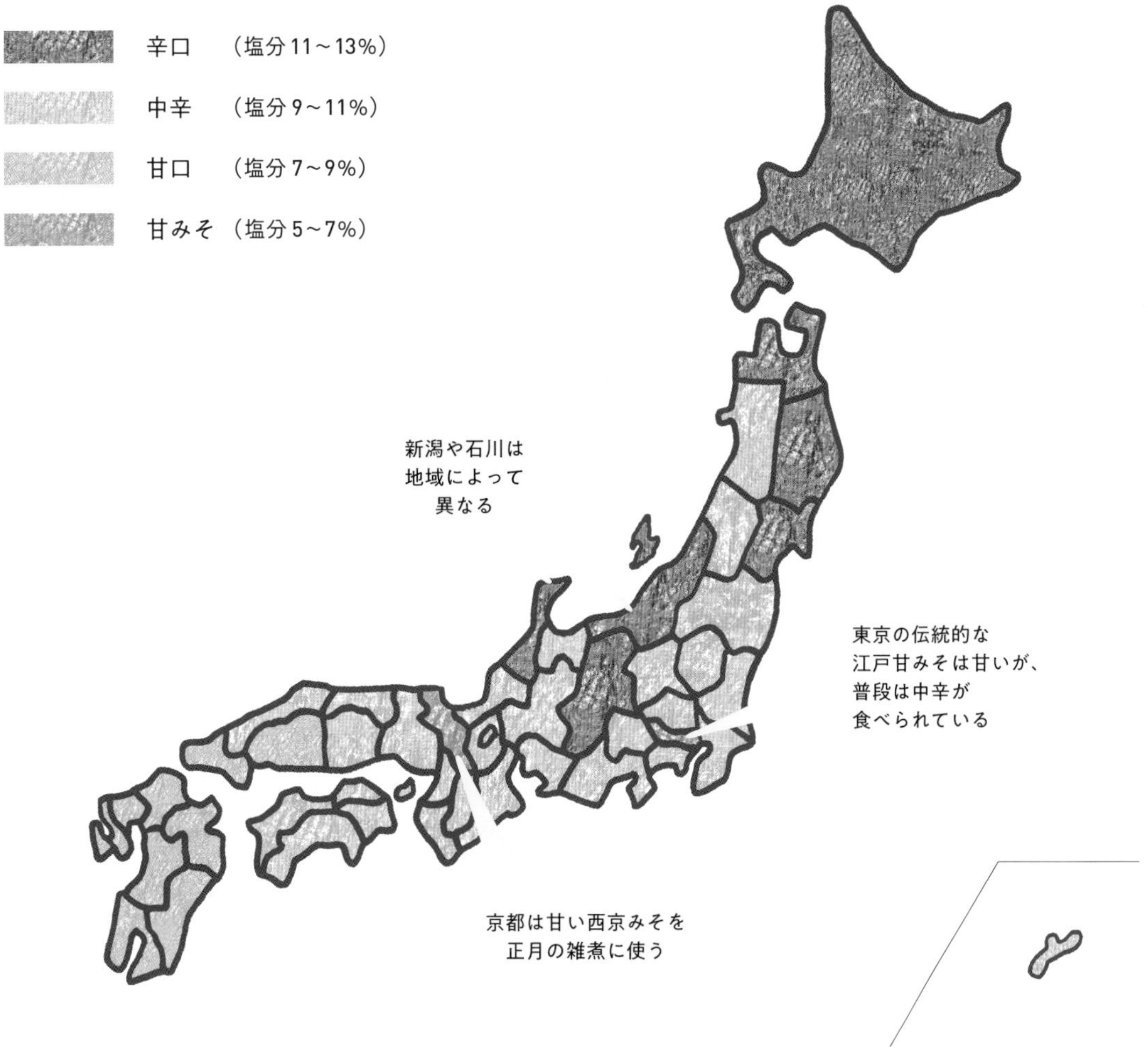
辛口　（塩分11～13％）
中辛　（塩分9～11％）
甘口　（塩分7～9％）
甘みそ（塩分5～7％）
新潟や石川は
地域によって
異なる
東京の伝統的な
江戸甘みそは甘いが、
普段は中辛が
食べられている
京都は甘い西京みそを
正月の雑煮に使う

全国800以上の蔵から組織される「全味」

みそ業界には各県に組合があり、その情報をとりまとめている組織が「全国味噌工業共同組合連合会」（通称：全味）です。中央味噌研究所は、みそについての調査・試験・分析､年に一度のみそ鑑評会を開催しています。みそのPRのために開設されたウェブサイト「みそ健康づくり委員会」では、みそ業界の広報の役目を担い、みその歴史・製造工程・効用・全国各地のみそ情報・みそレシピなどの情報発信を行なっています。

全国味噌工業協同組合連合会 http://zenmi.jp/
みそ健康づくり委員会 http://miso.or.jp/

③ ご当地みそ＆みそ郷土料理マップ

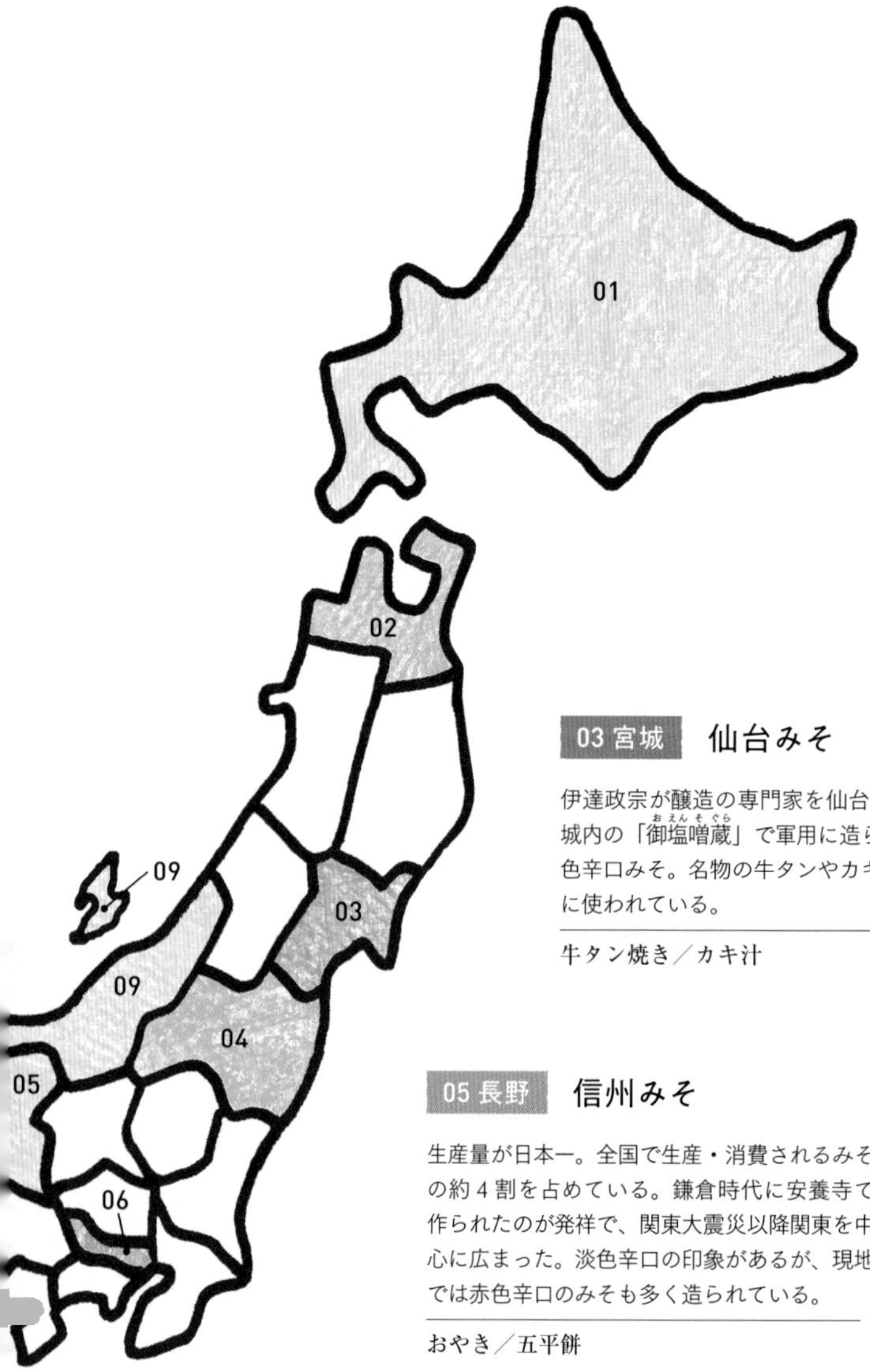

01 北海道　北海道みそ

江戸時代〜明治時代、北前船が佐渡島と往来し交流が盛んだったため、佐渡みそによく似た赤色辛口みそが広がった。北海道でよくとれる鮭と合わせたみそ料理が多く存在する。

石狩鍋／ちゃんちゃん焼き

02 青森　津軽みそ

“津軽３年みそ”と言われ、麹歩合が低く、塩分高めの長期熟成の赤色辛口みそ。貝焼きみそは、ほたての貝殻を鍋代わりにしてねぎやかつおぶしなどをみそで煮込み、卵とじにする郷土料理。

貝焼きみそ／八戸せんべい汁／じゃっぱ汁

03 宮城　仙台みそ

伊達政宗が醸造の専門家を仙台に招き、城内の「御塩噌蔵《おえんそぐら》」で軍用に造らせた赤色辛口みそ。名物の牛タンやカキの料理に使われている。

牛タン焼き／カキ汁

04 福島　会津みそ

会津盆地の寒暖差の大きな厳しい気候のなかで造られる赤色辛口みそ。最近は中辛口も増えてきている。

納豆汁

05 長野　信州みそ

生産量が日本一。全国で生産・消費されるみその約４割を占めている。鎌倉時代に安養寺で作られたのが発祥で、関東大震災以降関東を中心に広まった。淡色辛口の印象があるが、現地では赤色辛口のみそも多く造られている。

おやき／五平餅

06 東京　江戸甘みそ

米麹をたっぷり使用し、10日ほどの短期で造られる赤色甘口のみそ。第二次世界大戦中に贅沢品として禁止され長く途絶えていたが、近年再生産されつつある。江戸の郷土料理であるどじょう鍋などにも使われる。

どじょう汁／鮭こく／サバのみそ煮

08 京都　西京みそ

茶道の進展に伴って発展した懐石料理や普茶料理では必要不可欠なみそ。関西のお正月には、白みそのお雑煮が食べられている。みその中で塩分量が少なく最も甘いタイプのみそ。

西京漬け／白みそ雑煮

07 東海３県　東海豆みそ

愛知県では、八丁みそを代表に、名古屋みそ、三州みそ、三河みそなど多種多様な豆みそを使用した料理が広がっている。三重県伊賀地方では伊賀忍者の携帯食にされた、玉みそと呼ばれる特徴あるみそも造られている。岐阜県関市では、現在も玉みそが造られている。

みそきしめん・みそかつ（愛知）／朴葉みそ（岐阜）

日本全国に、その土地土地の歴史や食文化を反映したみそがある。江戸時代に確立したものも多いため、当時の藩の名前がついているご当地みそが多く残っている。ご当地みその特徴を生かした郷土料理は、みそレシピのバリエーションを広げるアイデアにも。

12 徳島　御膳みそ

阿波藩主・蜂須賀公の御膳に供されたことが名前の由来。徳島県の赤色甘口みそといわれているが、麹歩合、塩分ともに高いため、全国的にみるとこの本では中辛に位置する味わい。

阿波のみそ焼き／青唐辛子みそ煮

13 愛媛・山口・広島　瀬戸内麦みそ

瀬戸内海に面する愛媛・山口・広島周辺地域は、米みそと麦みそ圏が交差する場所。県という単位ではなく、小さな地域ごとに米みそ白色・淡色、麦みそなど多様なみそが作られている。一般的には、九州以外の麦みそ産地として分類される。

14 広島　府中みそ

府中は、山陰道から出雲道の抜け道に位置し、人・物・情報の往き来が多かった。さらに、備後福山藩主の水野公が気に入った白みそを、参勤交代で江戸に向かう途中、大名達に贈呈したことにより、甘口みそが噂となって広まった。郷土料理のカキの土手鍋は、土鍋の内側に府中みそを土手のように塗り、みそを崩しながら食べていく。

カキの土手鍋

15 九州7県　九州麦みそ

熊本県は肥後みそ、鹿児島県は薩摩みそなど今でも藩の名称で呼ばれているみそが多くある。温暖な気候のため、短期熟成の淡色甘口のものが多い。れんこんにからしみそを詰めるからしれんこんをはじめ、有名な郷土料理も多数。

からしれんこん（熊本）／もつ鍋（福岡）
冷や汁（宮崎）

9 新潟　越後みそ、佐渡みそ

上杉謙信が広めた越後みそには２種あり、中心部の新潟市では麹歩合が低めの赤色辛口みそ、上越地方では“浮麹みそ”と呼ばれる赤色辛口みそ。精白した丸米を使用し、米粒がみその中に浮いたように見える。佐渡みそは、長期熟成した赤色辛口。スケトウダラを肝ごと佐渡みそと煮込む漁師料理が伝わる。かつて新潟は東日本、佐渡島は西日本の影響が強かったため、同県内に特徴ある２つのみそが存在している。

のっぺい汁／スケトの沖汁

10 北陸3県　加賀みそ

石川県には加賀前田藩の軍糧・貯蔵用として長期熟成の赤色辛口みその歴史があるが、近年は麹が多めの中辛が増えている。能登半島や富山県には水分量の多い赤みそ、福井県は京都の影響を受けた甘めの赤みそがある。北陸は東北、関西との交流が盛んだったため、各地域の影響を受けている。

11 香川　讃岐みそ

四国は麦みそ文化圏でもあるが、瀬戸内に面する海沿岸地域では米みその白色甘みそも作られている。白みその雑煮にあん餅を入れる雑煮がある。

白みそのあん餅雑煮

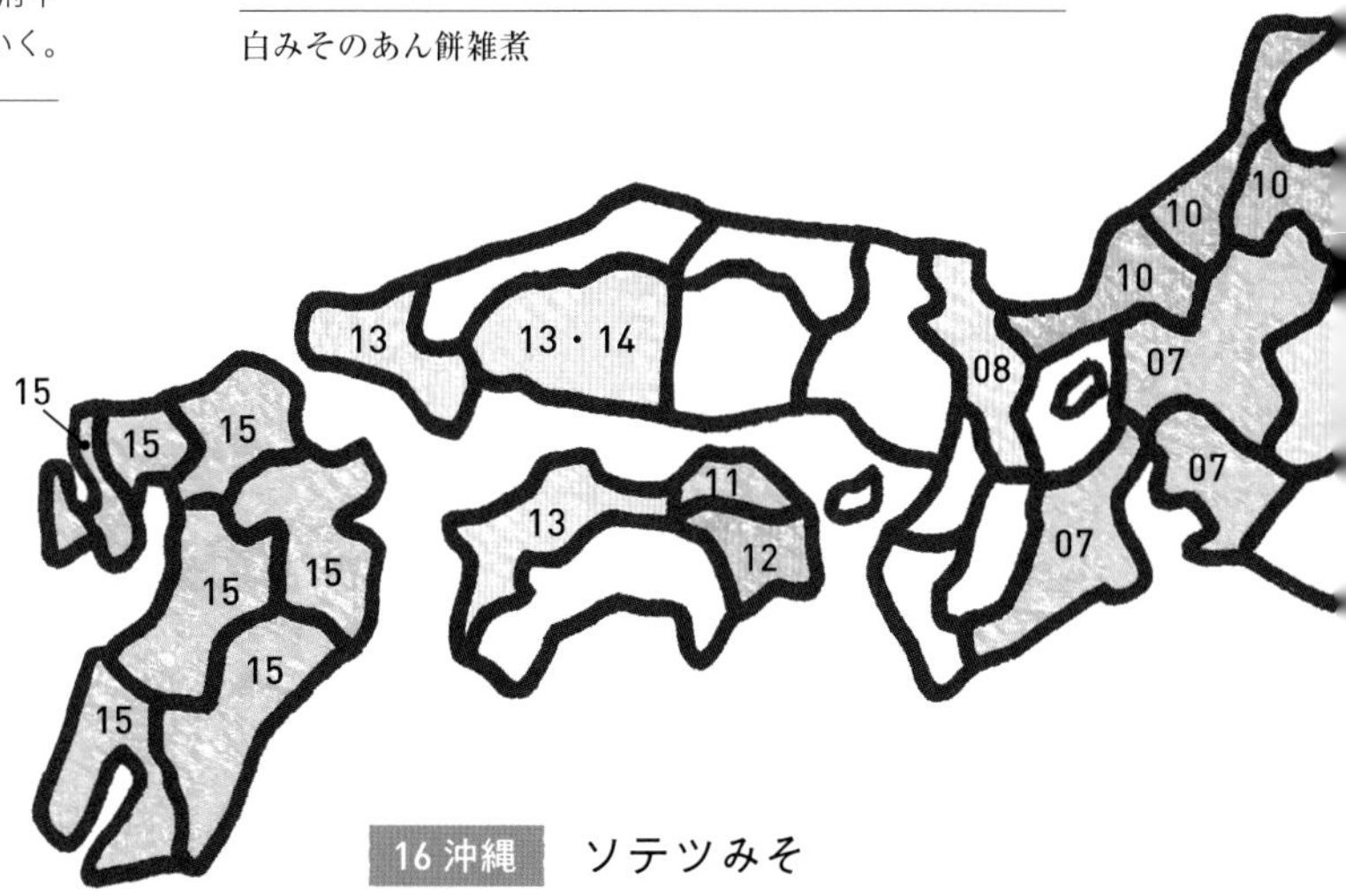

16 沖縄　ソテツみそ

沖縄や奄美大島のみそ。ソテツの実を粉砕し玄米や麦と合わせて麹を造り、大豆・塩・さつまいもと混ぜる。アンダミスーはみそとラードを混ぜた沖縄の伝統的な保存食。

アンダミスー（脂みそ）

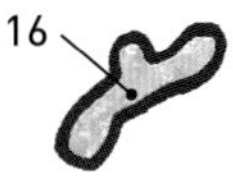

みそなくして
語れない

武将の出世物語

戦国時代、戦の携帯食として欠かせなかったのがみそでした。当時、力を持っていた武将達はみそが貴重な栄養源であることを理解し、試行錯誤しながら製造していました。戦場におけるみその効用について「前橋旧蔵聞書《まえばしきゅうぞうききがき》」には「みそを焼いてお湯に溶かしてから飲めば１日中食事をしなくても少しの飢えも感じない」という意味の文章が記されています。

戦で汗をかいたら
濃い味付けで塩分補給を
織田信長
我が軍には
インスタントみそ汁が！
健康の秘訣は
みそおにぎりと
具だくさんみそ汁
徳川家康
豊臣秀吉

尾張・三河（愛知県）

戦国の三英傑はみそへのこだわりも三者三様

抜群の知名度と人気を誇る三英傑、織田信長、豊臣秀吉、徳川家康は、みそについても三者三様のエピソードが残っています。

戦国武将の中で最もみそを好んだのが、健康に人一倍気を使っていたとされる家康です。健康維持とストレス解消のために欠かさなかった鷹狩りには、みそ焼きおにぎりを持参していたそうです。日々の食事でも具沢山のみそ汁を毎日のように食していたといわれています。

江戸時代中期に記された「常山《じょうざん》紀《き》談《だん》」という書物では、信長は公家が味付けした薄味の料理を“水っぽくてまずい”と言い、塩味の強い料理を好んだという逸話があります。合戦や訓練で大量の汗をかき、塩分を消耗するため塩気の強い味を好んだようです。みそも重宝していたことが伺えます。

秀吉に仕えた武将・増田長盛は、ごぼう、大根、にんじん、かつお節を入れて煮詰めたみそ汁を乾燥させ、戦国時代のインスタントみそ汁を発明しました。戦乱の世で活躍した秀吉の大きな力になっていたはずです。

出羽・陸奥（宮城）

みそ工場を作った伊達政宗

現在の東北地方を広く治めていた伊達政宗は、城内に日本初の巨大みそ工場「御塩噌蔵《おえんそぐら》」を作ったことで知られています。配合仕込みという製造方法は、現代の工場大量生産の原点とされています。原料の選別に始まり、長期熟成期間も杜氏を配置するなど徹底した管理を行っていました。朝鮮出兵の際には、兵糧として重宝されたそうです。全ての技術は口伝で、書物のようなものは残っていません。

甲斐（山梨）

陣立みそを贈った武田信玄

武田軍では、出陣前、煮大豆をすり鉢でよくすり、麹と塩を加えて丸めたものを紙に包んで兵士達に配っていました。布袋に入れ腰に吊るして何日も歩いていると、麹により発酵が進み、戦場に着くころにはみそが完成するというわけです。戦場で兵士は、頭にかぶる陣笠を鍋代わりに、このみそを溶いてみそ汁を作っていたそうです。また、武田軍に限らず、戦場に持って行く荷物を縛る荷縄はみそで煮込んだ里芋の茎で作られており、これを湯で煮込み“インスタントみそ汁”として食していたそうです。

番外編

歩いて日本地図を作った伊能忠敬を支えたみそ

江戸後期、元々商人だった伊能忠敬は、50歳のとき天文学者の高橋至時に入門し、測量術を取得しました。56歳から17年かけて地球1周分を歩き、日本初の精密な実測地図「大日本沿海輿地全図」を制作。夜行バスを乗り継ぎ、全国のみそ蔵を探訪している私が尊敬する人物です。忠敬は、1日約40kmも歩いて移動することもあったことから、家族に宛てた手紙の中で「醤だけはなんとか食べられます」と記しています。咀嚼を必要としないなめみそは、伊能忠敬の旅を支える大切な食料だったのです。

第2章

みそを使いこなす

みそは和食にしか使えないと
思っていませんか？
種類ごとの製法や味わいの違いを知ると、
使い分けの幅がぐっと広がります。
これまでのみそのイメージを覆す
種類ごとのレシピや、
全国から厳選したみそ蔵も紹介します。

KomeMiso-Guide

米みそ
ガイド

米みそはどうやって作られる？

潰した大豆に米麹と塩を混ぜて発酵させる

米みその原料は大豆・米・塩です。使用する米は、日本人の主食でもある「うるち米」で、洗って浸漬したのち蒸し上げ、そこに麹菌を付けて米麹を造ります。次に、洗って浸漬し加熱した大豆を潰し、米麹、塩と混ぜ合わせ、容器に詰めて発酵・熟成させます。大きな工場で生産するメーカーでは、大豆を潰してから他の原料と混ぜる場合と、混ぜながら潰していく場合があります。

熟成期間は色や味により1か月～1年が基本となります。米みそは全国的に造られており、地域によってさまざまな配合や発酵・熟成期間のみそがあります。

原料

大豆

米

塩

原料はみそのベースとなる大豆、米麹となる米、塩の３つ。

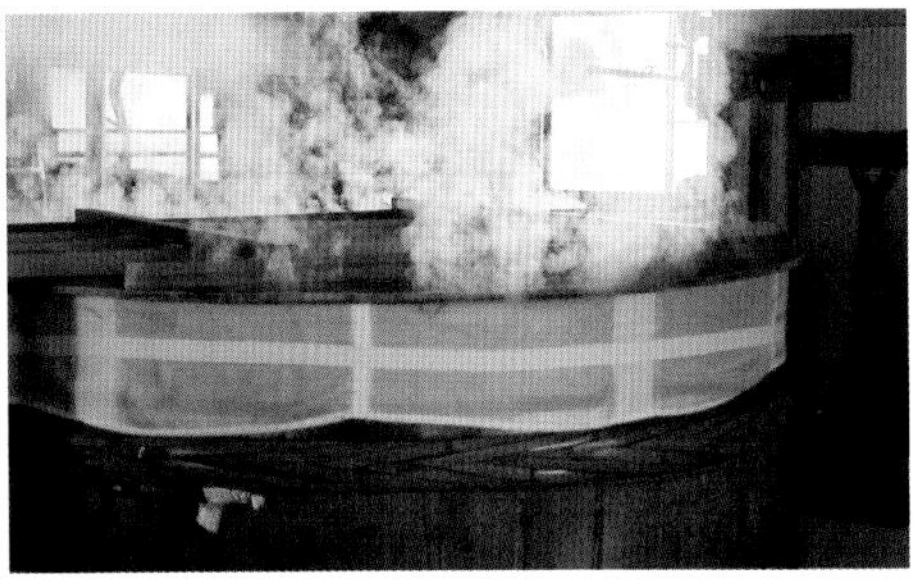

《蒸したり煮たりして冷ます》

乾燥大豆をよく洗い、一晩以上水に浸漬する。戻した大豆を蒸したり、煮たりして柔らかくし、よく冷ます。大豆は各蔵がみそ造りに適したものを厳選している。

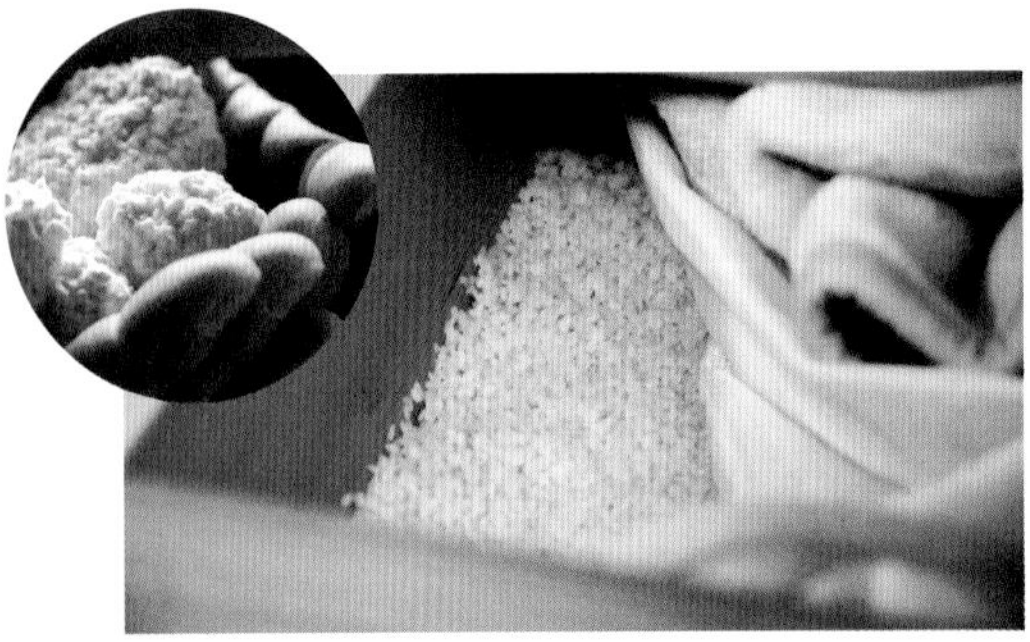

《蒸して種麹を付ける》

米麹を造る。洗米して浸漬した米を蒸し上げ、広げて少し冷ます。種麹をまんべんなく振りかけ、温度・湿度管理をしながら麹菌を繁殖させる。

《3つの原料と水を混ぜ合わせ、容器に仕込む》

①
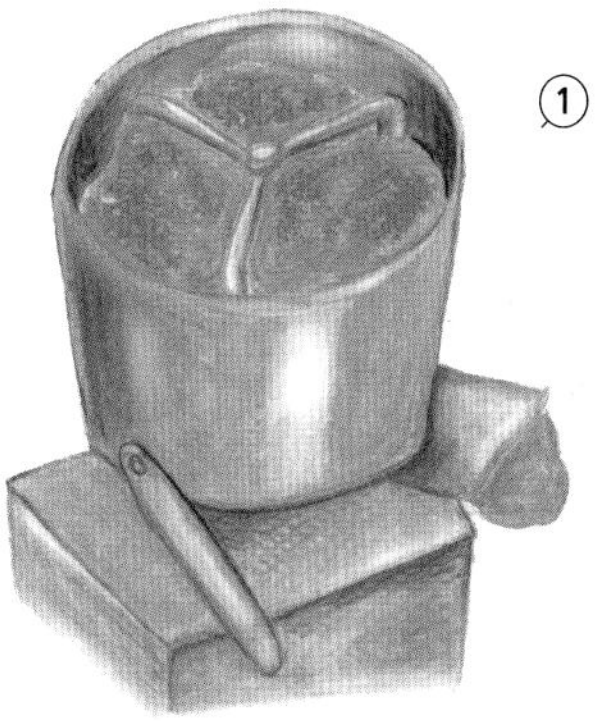

②

柔らかくなった大豆を潰し、米麹と塩、さらに水を加えてよく混ぜる。これがみそのもと。自動の機械を使う蔵もあれば、昔ながらの手動の器具を使う蔵も。麹、塩、水の分量は蔵独自の配合がある。

《容器で寝かせて完成！》

みそのもとを容器に詰める。この一連の作業を「仕込み」という。数か月寝かせれば、米みその完成。食べ頃になったら袋やカップ容器に詰められ出荷される。

熟成具合によって3種に分かれる

白みそ
↓
淡色（黄）みそ
↓
赤みそ

みそは寝かせる時間が長いほど、メイラード反応で色が濃くなる。糖とたんぱく質が反応して起こる現象で、色の濃い赤みそは、もっとも発酵・熟成が進んでいる。

深掘りコラム

みそを入れる容器の素材もさまざま

みそ造りに使用する容器は、昔ながらの「木桶」と「FRP（プラスチック）」があります。木桶仕込みのみそは、木桶職人が減っており、木くずが入るなど扱いが難しい反面、木の隙間に微生物が住み着き、より個性的な「蔵ぐせ」が生まれます。FRPは扱いやすく、近年の主流になっています。

FRP（プラスチック）

木桶

米みそ
ガイド

米みその味わいを知ろう

SHIRO-MISO

どんな調味料とも合う万能みそ

白みそ

主な産地

大阪、京都、兵庫、奈良、和歌山、滋賀、岡山、広島、香川

味わいチャート

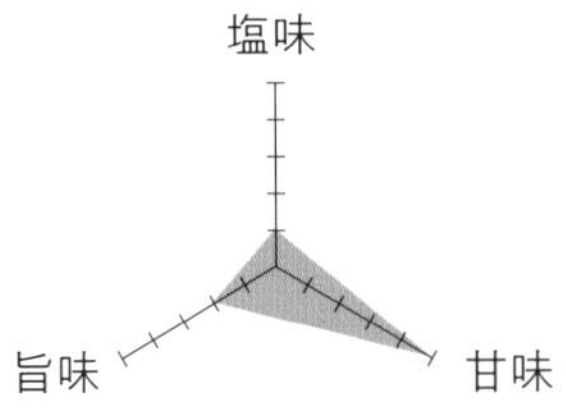

どんな調味料とも相性がよく、なじむ。ほかの食材を引き立てる甘味で、包容力のあるおばあちゃんのようなみそ。

使い方のポイント！

- いろいろな調味料と混ぜ、たれのベースに
- 冷凍保存がおすすめ

ゆずこしょうや豆板醤は、白みそと混ぜることで食材とからめやすくなる。塩分が少なく開封後は傷みやすいので長期保存は冷凍庫へ。

相性のいい食材

乳製品、豆腐、はちみつ、果物全般、ハーブ・スパイス、きなこ、梅干し、昆布だし など

乳製品やはちみつと混ぜてラテ風の甘いドリンクにしたり、ドライフルーツと合わせてスイーツのような楽しみ方も。

やさしい白色と甘味、なめらかな食感が魅力

白みそは西京みその産地・京都など、主に関西地方で造られています。白色を美しく発色させるため、大豆は白い品種を使用。大豆の皮も色が付く要因になるので、粉砕して皮を飛ばしたり、脱皮大豆を使用したりして製造しています。加熱時は、蒸さずに煮ることでたんぱく質と糖の反応を弱め色が濃くなるメイラード反応を起こりにくくします。

熟成期間は数日～1か月程度。塩分が少なく、麹歩合の高い甘い味わいなので、みそ汁や料理に使用する際はほかのみそよりも多めに使用します。こしタイプでやわらかいものが多く、口当たりがなめらかなのも特長です。

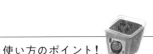

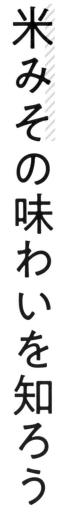

TANSYOKU-MISO

フレッシュな若い香りを楽しんで

淡色みそ

主な産地

北海道、茨城、栃木、群馬、埼玉、千葉、東京、神奈川、山梨、新潟、長野、富山、石川、福井、静岡

味わいチャート

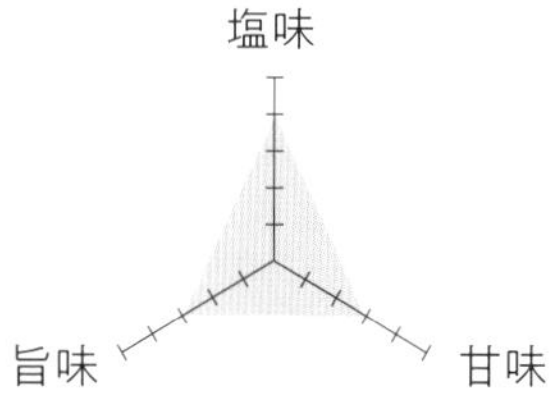

新食材との組み合わせを楽しみたいみそ。流行に敏感な女子のように、パクチーなどの“今っぽい”食材とも相性がいい。

使い方のポイント！

- 素材の色を生かしたい野菜料理に最適
- オリーブオイルと合わせて洋風に

淡い色が食材の鮮やかな色を引き立てる。オリーブオイルの風味とよく合うので、肉や白身魚のソテーのソースなどに。

相性のいい食材

鶏肉、豚肉、かんきつ類、パクチー、玉ねぎ、しょうが、昆布だし、鶏がらだし など

淡色みそを使ったみそ汁に、レモンやかぼすなどを加えればさわやかな1杯に。パクチーなどのエスニック食材も相性がいい。

淡白な食材のよさを引き立ててくれる

近年主流となっている淡色みそは、黄味を帯びた山吹色のような淡い色のみそです。ときに「淡黄色」と呼ばれることもあります。

信州みそを代表に、全国各地で造られています。塩分はありながらも麹歩合が10割以上で、味わいとしては中辛～辛口のものが多くなっています。熟成期間は半年～1年未満のものが多く、白みそと赤みその中間に位置しています。

色の濃い赤みそに比べ、素材の色を活かした料理に適していることなどから重宝され、各地に広まってきたようです。

さわやかな香りのものが多いので、和食をはじめ、オリーブオイルやレモンなどのかんきつ類とも相性がよく、さまざまな料理に合わせやすいのも特長。肉なら鶏や豚、魚なら白身と、淡泊な食材と合わせるのがおすすめです。

AMAKUCHI MISO

そのまま食べるならこれ！

甘口みそ

主な産地

秋田、大阪、京都、兵庫、奈良、和歌山、滋賀、鳥取、島根、岡山、広島、山口、香川、徳島、愛媛、高知

味わいチャート

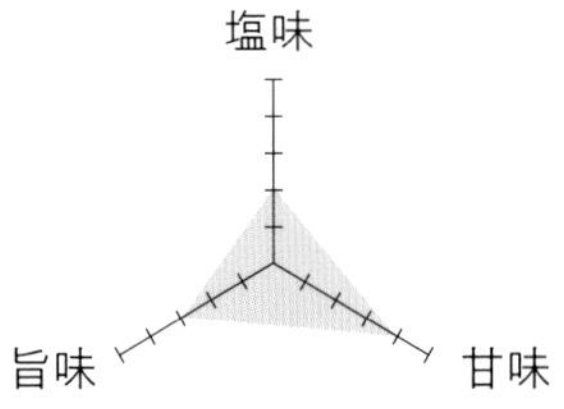

麹歩合が高く、ほどよい塩味と旨味で、甘味が前面に出てくる癒し系のみそ。生野菜と一緒に食卓に出すだけで簡単な１品に。

使い方のポイント！

- ☐ そのまま野菜につけて食べる
- ☐ 甘味のある食材と合わせる

甘味と塩味のバランスがよく、生野菜につけて食べるのにぴったり。いも類、かぼちゃ、栗など甘味のある食材との相性も抜群。

相性のいい食材

生野菜、ナッツ類、
バニラアイス、あんこ など

ごまやピーナッツなどの香ばしいナッツ類と合わせて和え物にしたり、バニラアイスやあんこに少量加えて塩味がアクセントの塩スイーツに。

家族みんなで楽しめるみそ

米の甘口みそは、関西・中国・四国を中心に、東北の秋田県などで造られています。甘味があるのでそのままでも食べやすく、生の野菜につけて食べるのがおすすめです。

　私の講座などでみその試食をしていただくときには、小さなお子さんやご年配の方、外国人の方に好まれる傾向があります。みそ特有の風味になじみがないという海外の方でも食べやすいみそと言えるかもしれません。

　苦味のある山菜、ルッコラ、クレソンなどと合わせると苦味が中和され、食べやすくなります。白すりごまと合わせると、クルミのようなナッツ風味を楽しめるので、ぜひお試しを。

　生クリームやバニラアイスといった乳製品のデザートにもよく合います。

AKA-MISO KARAKUCHI

芳醇な香りで料理の味がすぐ決まる

辛口・赤みそ

主な産地

北海道、青森、岩手、山形、宮城、福島、新潟、長野、沖縄

味わいチャート

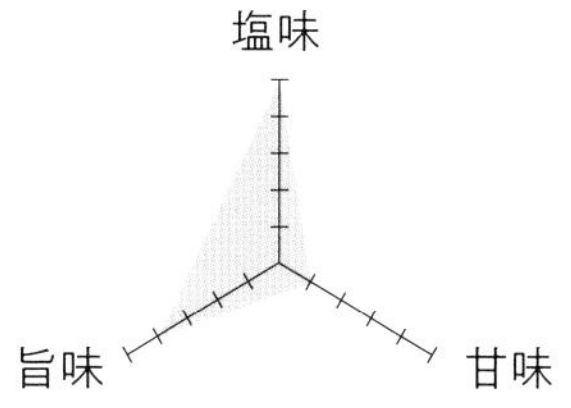

塩味と旨味が強く、料理の味を引き締めてくれる。一家の大黒柱・お父さんのような、存在感のあるみそ。

使い方のポイント！

- みそ味を前面に出したいときにおすすめ
- 少量使えば、隠し味としても

旨味と塩味が強いので、料理の味が決まりやすい。みそらしい味わいが特長だが、使う量を少なくすれば、みそ感を抑えて隠し味的な使い方もできる。

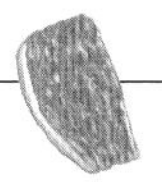

相性のいい食材

牛肉、鮭、トマト、香味野菜、ごま油、チョコレート、かつおだし、コンソメ など

しょうがやにんにくなど、香りの強い香味野菜にも負けない風味をもつ。手作り焼き菓子の甘さを引き立てる隠し味にもなる。

使う量次第で、主役にも脇役にもなれる

辛口の赤みそは、少し前まで北海道・東北全域で造られていましたが、最近は主に北海道・青森・岩手・宮城・信州・北陸の一部で造られています。辛口と甘口の中間にあたる、いわゆる中辛の味わいのものも増えてきています。

塩分がしっかりあるタイプのみそは、料理に使用すると味がバシッと決まりやすいのが魅力です。しかも、使用する量を工夫すれば、変幻自在。しっかり使えばみその風味が前面に出てきますが、少量使いをすると、反対にすっきりさわやかな味わいに仕上げることも可能です。

にんにくやしょうがなどの風味の強い香味野菜と合わせても、バランスがとれます。肉なら牛肉、魚なら鮭が好相性。色から連想してチョコレートに合わせるのもおすすめです。

白みそを使って

みそバタートースト

材料（2人分）

食パン（6枚切）2枚
A ┌みそ 小さじ2
　└バター 20g

作り方

1. オーブントースターで食パンを焼く。
2. 1. によく混ぜたAを塗る。

Point バターは常温に戻しやわらかくなった物を使用すると混ぜやすい

RECIPE 1

お手軽みそだれ
ラムレーズンみそ

みそバターにラムレーズンを加え、スイーツ感覚で。白みそ大さじ2、バター60g、刻んだラムレーズン30gをボウルに入れ混ぜる。クラッカーやパンにつけて。

ゆずこしょうの
辛味が
アクセントに

ほうれん草のゆずこしょう和え

材料（2人分）

	ほうれん草	½束（100g）
A	みそ	大さじ1
A	ゆずこしょう	小さじ¼

作り方

1. ほうれん草は沸騰した湯で1分ゆでる。ザルにあけて水気をよくきり、3~4cm幅に切る。
2. ボウルにAを混ぜ、1. と和える。

RECIPE 2

お手軽みそだれ

ゆずこしょうみそ

白みそ大さじ4、ゆずこしょう小さじ1をボウルに入れ混ぜる。ゆずこしょうみそを使えば、いつもの野菜炒めが大人の味に。塩焼きそばの味付けにも。

白みその甘味は
フルーツの
酸味と相性◎

フルーツ白和え

材料（2人分）

	木綿豆腐	100g
	にんじん	⅙本
	いちご	2個
	キウイ	¼個
A	みそ	大さじ1
A	塩	少々

作り方

1. 木綿豆腐は二重にしたペーパータオルで包み、2～3回取り替え、しっかりと水気をおさえる。
2. にんじんは千切り、いちごはたて半分、キウイは1cm角に切る。
3. ボウルに1. とAを入れてなめらかになるまで混ぜ、2. を加えて和える。

淡色みそを使って

豚肉の野菜巻き

材料（6個・2人分）

豚ロース薄切り肉	12枚（約100g）
にんじん	¼本
もやし	½袋
貝割れ大根	½パック
みそ、レモン汁	各大さじ2
酒	大さじ1

作り方

1. ボウルにみそとレモン汁を入れて混ぜ、たれを作る。にんじんは千切り、貝割れ大根は根元を切り落とす。
2. 豚肉に、にんじん、もやし、貝割れ大根をのせて巻き、さらに豚肉もう一枚を重ねてしっかりと巻く。これを6個作る。
3. フライパンに 2. の巻き終わりが下になるように並べる。酒をかけたらフタをし、中火にかける。蒸気が上がったら弱火にして3分、ロールの向きを変えてフタをし、さらに2分蒸し焼きにする。

RECIPE 3

お手軽みそだれ

ポン酢みそ

淡色みそ大さじ2、レモン汁大さじ2をボウルに入れ混ぜる。鍋やしゃぶしゃぶのつけだれにおすすめ。すだちなど、旬のかんきつを使ってアレンジも。

チーズの
コクをアップ！

カルボナーラ

材料（2人分）

スパゲッティー		140g
ブロックベーコン		60g
A	卵	2個
	みそ	小さじ2
	粉チーズ	大さじ6
にんにく		2片
オリーブオイル		大さじ1
黒こしょう		適量

作り方

1. ベーコンは拍子木切り、にんにくはみじん切りにする。大きめのボウルにAを入れ混ぜる。
2. フライパンにオリーブオイル、にんにく、ベーコンを入れ弱火で5～6分炒める。
3. スパゲッティーをパッケージの表示時間より2分短くゆでて、ザルにあける。
4. 2.と3.をAの入ったボウルに加え、トングで20～30回手早く混ぜる。器に盛り、黒こしょうをふる。

しょうゆの
代わりに
みそを使って

炊き込みごはん

材料（2人分）

米		1合
A	みそ	大さじ1と½
	みりん	大さじ1と½
和風顆粒昆布だし		小さじ½
好みのきのこ		100g

作り方

1. きのこは食べやすい大きさに切る。
2. ボウルにAを入れ、混ぜる。
3. 炊飯器に、といだ米と2.を入れ、1合目の目盛りまで水を加える。きのこをのせて炊く。

甘口みそを使って

RECIPE 4

お手軽みそだれ

ピリ辛みそ

甘口みそ大さじ4、豆板醤小さじ2をボウルに入れてよく混ぜる。さらに刻んだねぎを加えれば、食欲をそそるごはんのおともになる。

みその香りと
ごま油の香りが
相乗効果

ビビンバ丼

材料（2人分）

ごはん	300g
〈にんじんのナムル〉	
にんじん	⅓本
ごま油	小さじ1
塩	少々
〈豆もやしのナムル〉	
豆もやし	¼袋
ごま油	小さじ1
豆板醤	小さじ¼
塩	少々

〈ほうれん草のナムル〉		
ほうれん草		2束
みそ		小さじ½
ごま油		小さじ1
塩		少々
A	牛薄切り肉	160g
A	おろしにんにく	小さじ1
A	酒	大さじ1
B	みそ	小さじ1
B	豆板醤	小さじ1
卵黄		2個分

作り方

1. にんじんは千切りに、ほうれん草は3cm幅に切る。Aは合わせておく。
2. フライパンににんじん、豆もやし、ほうれん草を入れ、水大さじ3（分量外）を加えてフタをしたら中火にかける。ひと煮立ちしたら弱火で2分蒸し煮にし、食材ごとにボウルに取り分ける。それぞれの調味料と和え、3つのナムルを作る。
3. フライパンにごま油小さじ1（分量外）を入れて中火でAを炒め、肉に火が通ったらBを加える。
4. 丼ぶりにごはんを盛り、**2.** と **3.** をのせ、中央に卵黄を落とす。

身近な調味料
だけでOK！

バンバンジー

材料（2人分）

鶏胸肉	100g
きゅうり	½本
トマト	中1個
A ごま油、しょうゆ、米酢	各小さじ2
A みそ、砂糖	各小さじ1
A おろししょうが	小さじ¼

作り方

1. 鶏胸肉は2枚に切り分け、沸騰した湯に入れて弱火で3〜4分ゆで、手で割く。
2. トマトは輪切りに、きゅうりは細切りにする。
3. ボウルにAを入れて混ぜ、1. を加えて和える。皿にトマト、きゅうりを盛り付け、鶏肉をのせる。

RECIPE 5

お手軽みそだれ
中華みそ

甘口みそ大さじ2、ごま油大さじ1、米酢大さじ1をボウルに入れよく混ぜる。冷奴や春雨サラダなど、さっぱり食べたいときにおすすめ。

ナッツの
ような香ばしい
風味

いんげんのごま和え

材料（2人分）

いんげん	100g
A 白すりごま	大さじ1
A みそ	大さじ1
A 砂糖	小さじ1

作り方

1. いんげんは端を落として3〜4cm幅に切る。沸騰した湯で1分ゆで、ザルにあけて水気をよく切る。
2. ボウルに1. とAを入れ、和える。

赤・辛口みそを使って

簡単に味が決まる
辛口みそで
定番料理

しょうが焼き

材料（2人分・6個分）

	豚ロース肉	6枚（200g）
A	酒	大さじ1
	片栗粉	大さじ1
	おろししょうが	大さじ½
B	酒	大さじ2
	みそ、みりん	各大さじ1
	油	小さじ2

作り方

1. バットなどに豚ロース肉とAを入れて5分おき、片栗粉をまぶす。Bはボウルに入れ、混ぜる。
2. フライパンに油を入れ、1.の豚肉を並べて中火で1分、裏返して弱火で1分半焼く。
3. Bを回しかけて弱火で30秒加熱し、全体にからませる。

RECIPE 6

お手軽みそだれ

しょうがみそ

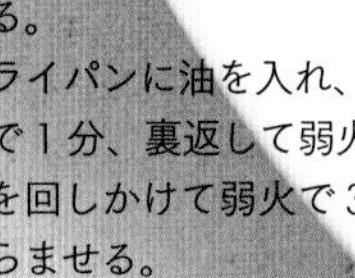

赤みそ・辛口大さじ4、おろししょうが小さじ2を混ぜる。刻みしょうがや千切りしょうがにすると、食感も楽しめ、白ごはんとの相性も◎。

ごまとみそで
まろやかな
味わい

担々麺

材料（2人分）

中華麺	2玉（120g）
豚ひき肉	100g
小松菜	1束
長ねぎ	⅓本
A ごま油	大さじ1
A おろしにんにく	大さじ1
A おろししょうが	大さじ1
酒	大さじ1
B 水	500mℓ
B ねりごま	大さじ4
B みそ	大さじ3
B 豆板醤	小さじ1
B 鶏ガラスープの素	小さじ1
糸唐辛子	適量

作り方

1. 長ねぎは5cm分で白髪ねぎを作り、残りはみじん切りにする。小松菜はゆで、3～4cm幅に切る。
2. フライパンにAを入れ弱火にかけ、香りが立ってきたら、みじん切りにした長ねぎを加え中火で1～2分炒める。
3. ひき肉と酒を加え、肉の色が変わるまで炒める。Bを加えて弱火で5分煮る。
4. 鍋にたっぷりの湯を沸かし、中華麺をゆでる。器に3.と麺を盛ったら、白髪ねぎ、小松菜、糸唐辛子をのせる。

洋食にも
みそは大活躍

鮭とアボカドのチーズ焼き

材料（2人分）

鮭	2切れ
アボカド	1個
塩	少々
酒、薄力粉	各小さじ2
オリーブオイル	小さじ1
A みそ	小さじ½
A マヨネーズ	大さじ2
ピザ用チーズ	20g

作り方

1. アボカドは2cm角に切る。鮭は4等分に切り、塩と酒をふって5分おき、表面に薄力粉をまぶす。
2. フライパンにオリーブオイルを入れて中火で熱し、鮭を加えて1～2分焼く。
3. ボウルにAを入れて混ぜ、アボカドと2.の鮭を加えて和える。
4. 耐熱容器に3.を入れ、ピザ用チーズをのせて焼き色が付くまでオーブントースターで10分ほど焼く。

生チョコレート

ほんのり
効いた塩味で
後味すっきり

材料（作りやすい分量）

チョコレート（カカオ70%以上のもの）		80g
A	甘酒	大さじ3
	メープルシロップ	大さじ2
	好みの米みそ	大さじ½
ココアパウダー		小さじ1

作り方

1. ボウルにチョコレートを入れて湯煎で溶かし、Aを加えて混ぜる。
2. 長めに切ったクッキングシートを2つ折りにし、片側に1. をあける。もう片側を折りたたんでかぶせ、正方形になるよう整える。冷凍庫に入れて10分冷やす。
3. 包丁で9等分にカットし、ココアパウダーをまぶす。
   Point カットした後、食べる直前までよく冷やすとよりおいしく食べられる

白玉ぜんざい

みそがあんこの
甘さを影から
引き立てる

材料（2人分）

A	白玉粉	60g
	砂糖	大さじ1
	絹豆腐	70～80g
抹茶		小さじ¼
B	ゆであずき	200g
	水	50mℓ
	好みの米みそ	小さじ1

作り方

1. ボウルにAを入れて手でよく混ぜ、生地を半分に分ける。半分はそのまま6等分に丸め、もう半分には抹茶を加え混ぜ、6等分に丸める。
2. 沸騰した湯で2～3分、白玉が浮き上がってくるのを目安にゆでて冷水に取る。
3. 鍋にBを加え、ひと煮立ちするまで中火にかける。
4. 器に3. を注ぎ、2色の白玉を盛る。

キャラメルみそを
ソースにしても

フレンチトースト

材料（2人分）

バタール（太めのバゲット）		2cm 厚さ 4 切れ分
卵		1 個
バナナ		1 本
A	好みの米みそ	大さじ 1
	砂糖	大さじ 2
	牛乳	大さじ 3
油		小さじ 4
はちみつ、粉糖、生クリーム		適量

作り方

1. ボウルに卵を割り溶き、A を加えてよく混ぜ、バゲットを浸して 15 分以上染み込ませる。バナナは縦四等分に切る。
2. フライパンに油を弱火で熱し、2 分焼き、裏返して 3 分焼く。バケットを取り出し、バナナを入れて弱火で 2 分焼く。
3. 2. を皿に盛り、好みで生クリームを添える。仕上げに粉糖をふり、はちみつをかける。

Point バケットは一晩浸すとおいしさアップ

RECIPE 7

お手軽みそだれ

キャラメルみそ

米みそ大さじ 1、生クリーム 50mℓ、砂糖大さじ 1 を鍋に入れてホイッパーでよく混ぜる。ひと煮立ちしたら弱火にし2～3分煮詰める。牛乳と合わせてラテにも。

チーズの
ような風味に
仕上がる

クッキー

材料（16 個分）

薄力粉	100g
バター	60g
アーモンドパウダー	30g
粉糖	20g
好みの米みそ	5g

作り方

1. ボウルにバターを入れ、湯煎で溶かす。
2. 1. にすべての材料を加えゴムベラでさっくり混ぜる。
3. 16 等分にして丸め、170℃のオーブンで 18 分焼く。

Point 焼き上がりの 5 分前に天板をいったん取り出し、奥と手前を入れかえると、焼き色が均一に。

全国米みそ蔵めぐり
#1

川口さんは、1人で麹やみそを仕込む。麹造りは午前3時から作業を開始するという。

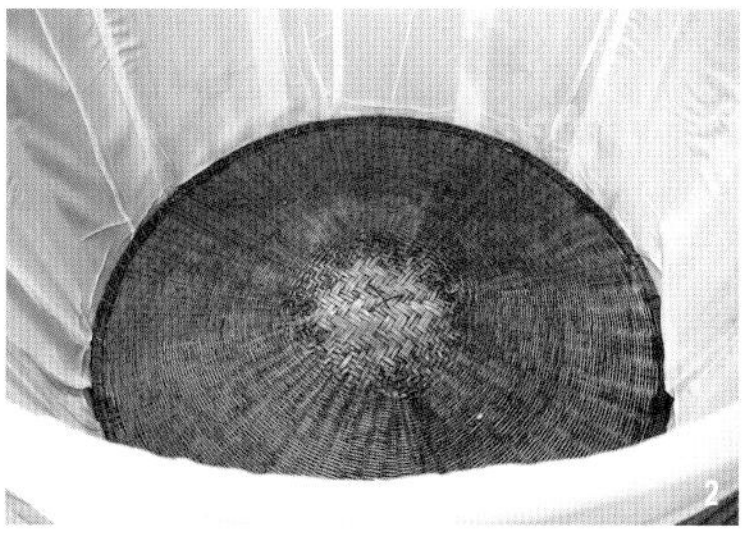

1.右はサワラでできたボイラー蒸し器。左は念願だったという和釜を使用した蒸し器。じっくり9時間かけて大豆を蒸す。2.ボイラー蒸し器の底には、特注の大きな竹網が敷かれている。3.麹を繁殖させる製麹室。壁一面の竹製の棚は手作り。その棚にぴったりと収まる大きなの箙《えびら》（蒸した米を広げる道具）は、この蔵以外では著者も見たことがない代物。

職人の手仕事による道具が支えるみそ造り

糀屋川口

こうじやかわぐち

みそ探訪の原点となったはじまりのみそ蔵

　創業文政元年（1818）、200年続く老舗の麹屋が神奈川県の住宅街にあります。みその知識ゼロだった私がたくさんの教えをいただいた、はじまりの蔵です。9代目の川口恭さんは、お子様の誕生をきっかけに、安心して口にできる食について考え、蔵を継がれました。以前は装飾関係の仕事に興味があり、おしゃれなデザインの調理器具が好きだったり、お菓子作りが趣味という一面も。

　蔵を継いだ当時、仕事はひたすら見て覚えたと言い、〝やってはいけないこと〟だけを質問したそう。現在の川口流の真骨頂は、「麹室を洗ったこと」と「麹の温度管理を変えたこと」。蔵には味わいを生む蔵付きの菌がいますが、麹を造る際にはクリーンな環境でいいという考えに基づいています。麹の中に菌糸が入るのが重要と考え、少々の負荷をかけることも考慮しました。

　先代が変えずに続けてきたことをガラリと変えた時には、親子で大きな衝突もあったそうですが、今ではその製造方法がパワーのある米麹を生む秘訣になっています。

　強いこだわりは、原料はもちろん、道具にも。造り手に会いに現地まで行って選び、自ら使うことで周りにも広め、職人の技が未来に伝承されるようにと、考えられ

1.「角度がぴったり」と、こだわりの穀箕《こくみ》をもつ笑顔の川口さん。2. 自ら職人を訪ね、愛用している手仕事のたわし。3. 蒸した米を広げる道具。上にのっているのが一般的な大きさの麹蓋。下は糀屋川口が7代目から使用している「箙《えびら》」。麹蓋の倍以上の大きさがある。4. 閑静な住宅街の中に現れる。手作りの木製看板が目印。

ています。「道具屋川口」という愛称でも親しまれ、みそ造りに欠かせない木桶をはじめ、穀箕《こくみ》やたわしに至るまで、その情報量に他の蔵元さんから相談があるほど。

川口さんの麹造り、みそ造りはすべて1人。1人で仕込む場合は100kg未満という蔵が多いなか、一度に400kgのお米を浸漬させ、木桶のボイラー蒸し器で蒸します。現在、年間に米麹12トン、麦麹1.5トン、みそを2トン造っているそうです。これからも、食べて笑ってもらえるみそ造りをしていきたいと話してくれました。

看板みそ

赤・中辛

「米糀みそ」

417円（税込み）

1年熟成の米みそながら、深い味わい。だしを入れなくてもおいしいみそ汁が作れてしまうのが特長。

DATA

神奈川県横浜市瀬谷区竹村町24-6　☎045-301-0036

蔵見学 無　㊖10時半～17時　㊡不定休

糀屋三郎右衛門

こうじやさぶろううえもん

全国米みそ蔵めぐり #2

機械にたよらないみそ造り

明治時代に創業し、昭和14年より東京練馬でみそ造りを開始しました。昔ながらの製法にこだわりながらも工夫を取り入れた麹造りと、木桶によるみそ造りを家族で行っている蔵です。7代目の辻田雅寛さんは、とてもお話し上手な方。麹蓋にかぶせることで麹菌が繁殖しやすい温度と湿度を保ってくれる「菰《こも》」。この菰を稲わらから作り、仲間達と一緒に自ら毎年編み足しているそうです。

できるだけ機械を使わない「手づくり」製法で造られる自慢の麹。

DATA

東京都練馬区中村2-29-8　☎03-3999-2276

https://www.kouji-ya.com/

蔵見学 事前問合せで可能な場合あり

㊡9時～17時 ※土曜営業有（不定期）　㊡日・祝日

看板みそ

淡色・中辛

「すずしろの里」粒850g 1071円（税抜き）

国産大粒大豆と自家製麹を使用した、天然醸造で造られる粒タイプの無添加生みそ。地元練馬の名産である大根にちなみ「すずしろの里」と命名。

石孫本店

いしまごほんてん

全国米みそ蔵めぐり #3

有形文化財の蔵でみそを熟成

安政2年（1855）に創業し、2代目がみそ造りを開始。現在は女性社長が後を継いでいます。国の有形登録文化財になっている、明治・大正時代の土蔵が5つ残っており、蔵には機械らしい機械はなく、大豆を蒸し煮する鋳物の釜や米麹全量をまかなう大量の麹蓋、100年以上使い続ける木桶が並んでいます。パリで活躍するショコラティエールとコラボしたみそチョコレートは、毎年即完売する大人気商品。

秋田県産米による米麹造り。職人が五感を研ぎ澄ませて対峙する。

DATA

秋田県湯沢市岩崎字岩崎162　☎0183-73-2901

https://main-ishimago.ssl-lolipop.jp/

蔵見学 有・要予約（2020年4月以降）※HPに注意事項あり

㊡9時～17時　㊡土・日・祝日

看板みそ

赤・甘口

「五号蔵」400gカップ602円（税抜き）

秋田湯沢産大豆と県産米を使用した無添加天然醸造。麹歩合20割で塩分控えめ。女性らしいやわらかさとまろやかさを感じる粒タイプの生みそ。

加藤醸造元

かとうじょうぞうもと

全国米みそ
蔵めぐり
#4

長期熟成でマスキング効果を発揮

明治４年創業以来、もろ蓋と木桶仕込みの昔ながらの製法を継ぎ、現在は５代目加藤夫妻がみそ造りに励んでいます。寒仕込みで長期熟成が特徴の津軽みそは、後味すっきりで、ほのかに感じる酸味は豆みそに近い印象。魚の臭みを包むマスキング効果も発揮します。

DATA
青森県弘前市新寺町 153 ☎ 0172-32-0532 https://www.tsugaru-yamatou.com/ 蔵見学 無 営 9 時～17 時 休 日・祝日

赤・辛口

〟看板みそ〃

「ヤマトウ 津軽味噌」
1kg（夏場は 900g）550 円（税抜き）

大豆の割合が多く旨味が強い、天然醸造の辛口みそ。塩味はあるが、３年熟成で塩がなじんでいるので、すっきり軽やかな味わい。

今野醸造

こんのじょうぞう

全国米みそ
蔵めぐり
#5

原料の大豆と米も自ら育てる

明治 36 年創業。「本当のおいしさは良質の原料なくしては絶対にあり得ない」という信念のもと、農業生産法人として原料となる大豆と米を広大な地で育て、一貫したみそ製造を行なっています。新感覚のみそパウダーは、構想から１年以上の歳月をかけ完成させた逸品。

DATA
宮城県加美郡加美町下新田字小原 5 ☎ 0229-63-4004 http://www.e-miso.com/ 蔵見学 無 営 9 時 ～ 17 時 休 土・日・祝日

粉末タイプ

〟看板みそ〃

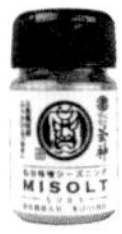

「仙台味噌シーズニング ミソルト（MISOLT）」
ボトル 50g 600 円（税抜き）

熟成無添加仙台みそ「釜神」をサラサラのパウダーに。塩のように天ぷらなどにも使用できるほか、焼き菓子の隠し味にも最適。

すずき味噌店

すずきみそてん

全国米みそ
蔵めぐり
#6

小さな木桶に思いを詰め込んで

明治 28 年、日本の中でも特に四季がはっきりしているといわれる山形県白鷹町に創業。麹屋からスタートし、今日までみそ造りを続けている蔵です。麹造りには和釜、麹蓋を使用。材料を混ぜる時も少量ずつ平台に乗せ、手の感触を大事にしながら小さな木桶に仕込んでいます。

DATA
山形県西置賜郡白鷹町大字浅立 3614 ☎ 0238-85-2443 http://www1.shirataka.or.jp/misoya/ 蔵見学 無 営 9 時～19 時 休 不定休

淡色・中辛

〟看板みそ〃

「紅花紬みそ」 750 円（税抜き）

原料は山形県産米と北海道産十勝大豆。甘辛のバランスがよい、麹を多めに使用した粒タイプの生みそ。添加物不使用。

服部醸造

はっとりじょうぞう

全国米みそ蔵めぐり #7

徳川家ゆかりの北海道みそ

昭和２年創業。日本で唯一、日本海と太平洋の両方に面する函館・八雲の地でみそ造りを行っています。服部家の祖先は尾張藩（現：愛知県）の家臣だったため、徳川家の商標である「㊇」の印の使用が許されました。実はこれ、武家・源氏の守護神である向い鳩の姿を表し、現在の名古屋の市章でもあります。貯蔵庫は防腐のため漆壁。みそ加工品も数多く展開され、今後の商品リリースも注目の蔵です。

外観にも屋号。よく見ると、２羽の鳩が向かい合っている。

DATA

北海道二海郡八雲町東雲町 27 ☎ 0137-62-2108

https://maru-8.net/ 蔵見学 相談次第で可能な場合有

(営) 8時～17時 (休)土・日・祝日

看板みそ

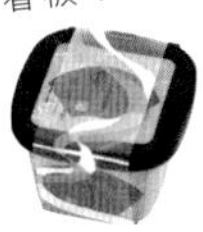

淡色・辛口

「北海道みそ　舞」1200円（税抜き）

創業80周年の記念として造られた、尾張徳川家や伊勢神宮にも献上されたみそ。北海道産大豆、北海道産米を使用したふくよかな風味。

佐々長醸造

ささちょうじょうぞう

全国米みそ蔵めぐり #8

ベートーヴェンを聴いて育つ

創業は明治39年。クラシックの名曲、ベートーヴェンの「田園」を聴かせながらみそを育てているユーモアある蔵です。クラシックを流すことで酵母が活性化し、深いコクと香りが引き出されるのだそう。原料処理から製品に至るまで、400年の歳月をかけて高峯から雪解けしたマグネシウムが豊富な「早池峰《はやちね》霊水《れいすい》」を使用。蔵には明治時代から継いだ木桶が40本ほど並んでいます。

交響曲が流れる優雅な環境のなか、木桶仕込みのみそを熟成させる。

DATA

岩手県花巻市東和町土沢 5-417 ☎ 0198-42-2311

http://www.sasachou.co.jp

蔵見学 10名以上から有・要予約 ※8月、11月後半～12月を除く。詳細はHP参照 (営)8時～17時 (休) 1/1～2

看板みそ

赤・辛口

「岩手田舎みそ 本蔵出し」950円（税抜き）

岩手県産の大豆（ナンブシロメ）と米（ひとめぼれ）、国産塩を使用。10割麹で２年間長期熟成した天然醸造の赤みそ。

和泉屋商店

いずみやしょうてん

全国米みそ蔵めぐり #9

伝統の安養寺みそを復活させた蔵

信州みそ発祥の地とされる安養寺（P16）の近くに蔵を構える、和泉屋商店。5代目・阿部さんは、元スポーツ選手というみその蔵元としては異例の経歴の持ち主です。30歳を過ぎて家業を継いだ後、独自の視点でみその普及に尽力し、「安養寺ラーメン」企画の発起人でもあります。みそマカロンやバーニャカウダソースなど、みそのポテンシャルを引き出す加工品を、楽しみながら生み出しています。

DATA

長野県佐久市岩村田 789-2　☎ 0267-67-2062

http://www.izumikura.com/index.html

蔵見学 無　㊖9時～18時半　㊡隔週土、日・祝日

店舗兼蔵は、かつての中山道岩村田宿（現・岩村田商店街）にある。

〃看板みそ〃

赤・辛口

「安養寺みそ」 粒 500g 650 円（税抜き）

地元佐久平産の大豆、長野県産米を使用。2～3年寝かせた後、6～8年寝かせた種みそと混ぜて完成させる。りんごのようなさわやかな香り。

井上醸造

いのうえじょうぞう

全国米みそ蔵めぐり #10

道具も製法も変えずに守り続ける

樹齢500年のケヤキがシンボルの蔵は、明治時代創業。私が初めてみそ関連でメディアに出た際にお世話になったり、蔵付き菌の存在を実感できた思い出深い蔵です。4代目井上元さんは熱さを秘めた実直な方。木桶や麹蓋など代々継ぐ道具を大切に、乳酸菌の働きやすい3月～10月にご家族と心穏やかにみそ造りをしています。宅配便のない時代から鉄道貨物で全国へ配達し、評判は口コミで広がり続けています。

DATA

長野県長野市妻科 167　☎ 026-232-5427

http://www.inouejyozo.jp/

蔵見学 無　㊖9時～17時　㊡日・祝日

酷暑の真夏も厳寒の真冬も、伝統製法で愚直にみそ造りに励んでいる。

〃看板みそ〃

赤・辛口

「中取り豊醸」 500 g・糀 700 円（税抜き）

長野県産の大豆と米を使用。寒暖差の大きい長野盆地の気候をいかした天然醸造で、1年以上熟成させた香り高い生みそ。

石井味噌

いしいみそ

全国米みそ蔵めぐり
#11

英語対応・充実の蔵見学を実施

慶應4年（1868）創業。大型バスの受け入れや英語対応が可能で、みそランチも楽しめるなど、見学コースが整った蔵です。私にみそ伝来の重要人物・心地覚心の存在を最初に教えてくれたのが5代目石井基さん。仕込蔵、二年蔵、三年蔵に分かれていて、1年ごとにみその引っ越しをします。

DATA
長野県松本市埋橋1-8-1 ☎0263-32-0534 http://ishiimiso.com/ 蔵見学 有・8時～17時まで随時受付(団体は要予約) ㊢8時～17時 ㊡不定休 1日10組限定・要予約でランチあり

看板みそ

赤・辛口

「三年蔵・赤」 300g 1000円（税抜き）

国産大豆と米、天日塩を使用し、美ヶ原山系の湧水による木桶仕込みの無添加みそ。3年熟成させ、まろやかな塩味。

酢屋亀本店

すやかめほんてん

全国米みそ蔵めぐり
#12

善光寺参りで立ち寄りたいみそ蔵

年間600万人が訪れる名刹《めいさつ》・善光寺のすぐそばにある、明治35年創業の蔵です。3代目青木茂人さんは約300種類の商品を開発され、みそのPB商品やOEM*対応も積極的に担ってきました。善光寺通りでは、パリパリの海苔で挟んだ特製甘口みその焼きおにぎりが人気です。

＊OEMとは、発注を受け、自社製品を発注先のブランド名で販売すること。

DATA
長野県長野市西後町625 ☎0120-113-014 https://www.suyakame.co.jp/ 蔵見学 蔵開きあり ※詳細はHP参照 ㊢月～土9時～18時、日・祝日9時半～17時半 ㊡年始 食事処(11時半～14時半)、喫茶（10時～17時）※日・祝日を除く

看板みそ

赤・中辛

「十割糀 生みそ コシヒカリ」
500g 無添加パック 780円（税抜き）

国産の大豆とコシヒカリ米、沖縄県産シママースを使い、平成22年、95年ぶりに新調した木桶で長期熟成させた赤みそ。

塩屋醸造

しおやじょうぞう

全国米みそ蔵めぐり
#13

みそを温度変化から守る伝統の土壁

文化・文政時代（1804年頃）創業。四季の温度変化を穏やかにする厚い土壁の蔵の雰囲気に圧倒されます。10棟は国の登録有形文化財で、伝統的手法「みそ玉造り」が継承されています。11代目上原吉之助さんは職人の工夫がつまった作業道具はじめ、古民具などの骨董もお好き。

DATA
長野県須坂市大字須坂537 ☎0120-480-029 http://www.shioya.co.jp/ 蔵見学 有・要事前予約 ㊢9時～18時 ㊡元旦、不定休

看板みそ

淡色・辛口

「えのきみそ 500gカップ入り」
900円（税抜き）

半年ほど発酵させた後、米麹とえのき茸ペーストを加えて再発酵させるという、手間のかかったみそは、だしいらず。発売以来35年変わらぬ人気。

ヤマト醤油味噌

やまとしょうゆみそ

全国米みそ
蔵めぐり
#14

発酵食の魅力が満載のテーマパーク

明治44年創業。「一汁一菜に一糀」をテーマに加賀百万石の城下町でみそ造りをされている、みそ探訪初期に伺った見所たっぷりの蔵です。「糀パーク」は糀や発酵についての学び、「発酵食美人食堂」ではみそ汁や発酵調味料で味付けされた季節メニューが提供されています。

DATA

石川県金沢市大野町4丁目イ170　☎076-268-1248
https://www.yamato-soysauce-miso.co.jp/
蔵見学 年2回（4月・10月）の発酵食祭りにてみそ蔵を公開 ※詳細はHP参照　営10時～17時　休水

看板みそ

赤・辛口

「有機生味噌　かなえ」
400g 850円（税抜き）

JAS有機栽培の国産大豆と米を使用。創業当時から継ぐ木桶で1年熟成させた、芳醇な香りを楽しめる生タイプの米みそ。

ヤマキ醸造

やまきじょうぞう

全国米みそ
蔵めぐり
#15

豊かな自然の中で生み出される

明治35年創業。「守る自然・残す自然、自然の中で自然なものを造る」をモットーとし山奥に立派な蔵を構えます。土作りからこだわった有機栽培国産原料を使用し、添加物など余分なものは加えずに製造を行っています。敷地内には売店や喫茶があり、ものづくり体験教室も多々開催。

DATA

埼玉県児玉郡神川町下阿久原955　☎0274-52-7000
https://yamaki-co.com/
蔵見学 有・予約不要 ※ガイド付きの開催日はHP参照（要予約）　営10時～17時　休年末年始　喫茶（10時～16時半）、食事処（日～火は数量限定、金・土は完全予約制）

看板みそ

淡色・中辛

「国産有機玄米味噌」500g 925円（税抜き）

国産有機大豆と玄米麹を使用した40年以上続く看板みそ。じっくり熟成させた玄米ならではの旨味とコクに魅了されリピートしたくなる。

マルカワみそ

まるかわみそ

全国米みそ
蔵めぐり
#16

蔵付きの麹菌から米麹を造る

大正3年創業。みそ造りに欠かせない麹を造るための種麹を、蔵の中から独自製法で自家採種している、とても珍しい蔵です。基本方針は国産原料、オーガニック、無添加の原料を使用すること。無農薬栽培の大豆を100%使用し、その一部は自社農園で育てています。

DATA

福井県越前市杉崎町12-62
☎0778-27-2111　https://marukawamiso.com/
蔵見学 無　営9時～17時半
休隔週土曜、日・祝日、年末年始

看板みそ

淡色・甘口

「未来」400g 1250円（税抜き）

国産有機大豆と米、地下水使用の木桶仕込み、無添加の生みそ。麹歩合17割は限定生産。甘口で、特に女性や子どもたちに人気。

五味醤油

ごみしょうゆ

全国米みそ蔵めぐり #17

「てまえみそのうた」に込めた想い

明治元年創業。昔ながらの製法、無添加・木桶仕込みの天然醸造にこだわりながら、商品だけでなく手前みそ文化の価値を再発見し、みその多様性を伝えるプロジェクトを立ち上げた五味兄妹がいます。3分でみその作り方がわかるアニメーション「てまえみそのうた」を仲間と制作するなど、精力的に活動。みそ作りや食育の現場で教材として使用されています。ラジオ YBS 山梨放送「発酵兄妹の COZYTALK」に出演中。

ワークショップスペース「KANENTE」では、手前みそ教室を開催。

DATA

山梨県甲府市城東 1-15-10

☎ 055-233-3661　http://yamagomiso.com/

蔵見学 無　営 10 時～ 18 時　休 日・祝日

看板みそ

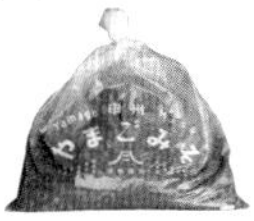

合わせ・中辛

「甲州やまごみそ」 1kg 570 円（税抜き）

合わせ麹の製法で米麹と麦麹の両方を使用した、山梨県特有の中辛の合わせみそ。ひと口食べれば、「てまえみそのうた」とダンスを思い出す。

峰村醸造

みねむらじょうぞう

全国米みそ蔵めぐり #18

毎年、みそ盛り放題を開催

明治 38 年創業。年に 2 回開催される「発酵・大醸し祭り」は、近所の酒蔵と協力し 2 日間で約 2 万人を動員する大人気企画です。30 秒で好きなだけみそを盛る「みそ盛り放題」には長蛇の列ができ、2 日間で 12 トンものみそが盛られます。1 日 2 回のみそ蔵見学や毎月開催のみそ仕込み体験など、みその魅力を伝える活動を定期的に開催。みそ味のソフトクリームやみそ蔵のもつ煮など多様な商品を展開中。

地元では「みそ漬けの峰村」としても愛されている。

DATA

新潟県新潟市中央区明石 2-3-44

☎ 025-250-5280　http://www.minemurashouten.com/

蔵見学 有・予約不要※1 日 2 回。見学開催日は HP 参照

営 10 時～ 17 時（土日のみ 18 時まで営業）　休 年末年始

看板みそ

赤・辛口

「復刻仕込 越後味噌 クラシック」

300g 500 円（税抜き）

近年では半煮半蒸という製法が主流になるなか、昔ながらの全量蒸し。旨味の強い越後みそを復刻させた、赤色辛口の粒タイプ。

神戸醤油店

かんべしょうゆてん

全国米みそ蔵めぐり #19

遠方からの常連さんも多い

昭和初期、富士山を間近に望む地に創業。車に乗って麹やみそを買い求めに来る方がたくさんいます。4代目の神戸邦明さんは、自ら全国各地の蔵へ赴き、みその学びを深めています。麹造りにはもろ蓋、仕込みには木桶を使用。お客さんから米を預かり麹にする麹加工も行っています。

DATA
静岡県富士市北松野371 ☎0545-85-2428 http://kanbe-shoyu.jp/ 蔵見学 無 営8時～19時 休 第一、第三日曜

看板みそ

赤・中辛

「かんべの味噌」 700円（税抜き）

北海道産大豆と地元産の米、富士の水を使用した天然醸造、無添加の中辛・生みそ。華やかな香りが特長。

梅谷醸造元

うめたにじょうぞうもと

全国米みそ蔵めぐり #20

兄弟で継ぐ伝統のみそ造り

歴代の天皇が行幸された吉野宮があった地に明治中頃創業。現在4代目の梅谷清二さんと兄の清嗣さんがみそ造りを行なっています。昔は2階の仕込室から1階の木桶に原料を落としていたため、床に開き戸があり、トロッコに乗せて移動させるためのレールは今でも残っています。

DATA
奈良県吉野郡吉野町宮滝262-2 ☎0746-32-3206 https://www.umetani.jp/ 蔵見学 有・要事前予約 営 月～土8時～19時、日・祝9時～19時 休 年中無休

看板みそ

赤・中辛

「吉野櫻味噌」 1kg 700円（税抜き）

上質な国産大豆と国産米を使用した天然醸造。木桶で熟成させた10割麹のこし米みそ。やわらかくまるい味に和む。

大竹醤油醸造場

おおたけしょうゆじょうぞうじょう

全国米みそ蔵めぐり #21

名産・山牛蒡のみそ漬けもご賞味を

大正11年創業。国産減農薬大豆、モンゴル原産のミネラル豊富な岩塩、龍吟の滝の名水を用いた独自のみそ造りを行なっています。珍しい発芽玄米麹を使用。岐阜・東濃地方が発祥といわれる山《やま》牛蒡《ごぼう》のみそ漬は人気商品のひとつで、自社醸造の赤みそに研究を重ねて漬込んでいる逸品です。

DATA
岐阜県土岐市土岐津町高山181-1 ☎0572-54-2115 https://www.yamagobou.com/ 蔵見学 無 営9時～18時半 休 月・第三火

看板みそ

合わせ・中辛

「日吉味噌」 895円（税抜き）

地元産の減農薬大豆と発芽玄米、岩塩、天然水を使用。発芽玄米麹と豆麹の2種を使用した木桶仕込みの合わせみそ。1年半熟成させている。

本田味噌本店《ほんだみそほんてん》

全国米みそ
蔵めぐり
#22

由緒正しい西京みそ

天保元年（1830）創業。初代の丹波屋茂助が麹造りの技を見込まれ、宮中の料理用にみそを献上したのが始まりです。都の華やかな文化の中で宮中・公家の有職料理、茶事の懐石料理、禅宗の精進料理とともに発展し、京料理を支えてきた代表蔵。変わらない味を大切にしています。

DATA

京都市上京区室町通一条上ル小島町558 ☎075-441-1131 http://www.honda-miso.co.jp/ 蔵見学 無 ㊇10時～18時 ㊡日

看板みそ

白・甘

「西京白味噌」 500g 袋詰 600円（税抜き）

上質な米麹を大豆の倍以上使用した23割麹。色が白くきめ細かで麹のまろやかさを感じる。上品ながら主張を感じるのも特長。

石野味噌《いしのみそ》

全国米みそ
蔵めぐり
#23

麹造りから仕込みに専心

天明元年（1781）創業。銘水石井筒の湧出の地に店を構えたことが、屋号の由来になっています。９代目石野元彦さんは、「短期熟成の白みそ造りは麹造りから仕込むまでが勝負」と言います。みそ探訪初期に白みその蔵のこと、そして京都の白みその歴史を教えていただきました。

DATA

京都府京都市下京区油小路通四条下る石井筒町546 ☎075-361-2336 http://www.ishinomiso.co.jp 蔵見学 無

看板みそ

白・甘

「特醸白味噌」 300g 400円（税抜き）

創業以来230年9代にわたり継承している白みそ。京都でも名高い石井筒の湧水を使用した、こっくり感とまるみのある味わい。

片山商店《かたやましょうてん》

全国米みそ
蔵めぐり
#24

木桶仕込みの白みそも造る蔵

昭和43年創業の、日本で唯一木桶仕込みの白みそを限定醸造している蔵。創業者の片山秋雄さんは、白みそ造りの名人と言われ、専務片山宏司さんと二人三脚でみそと向き合っています。「醸造は人格なり」という社訓のもと独自製法を確立、京料理の老舗ほか各地でファンが増えています。

DATA

京都府亀岡市大井町並河3-8-11 ☎0771-23-6665 http://www.kyotanmiso.jp/ 蔵見学 無 ㊇9時～17時 ㊡土・日・祝日

看板みそ

白・甘

「手づくり 白味噌」 500g 500円（税抜き）

京都丹波の澄んだ水を使用。厳選の国産原料100%。可能な限り低塩にし、やわらかさの中にコクと風味のある天然醸造の白みそ。

河野酢味噌製造工場

こうのすみせいぞうこうじょう

全国米みそ蔵めぐり #25

１つの蔵で４つの発酵調味料を造る

明治21年創業。1つの蔵で麹、みそ、しょうゆ、酢を造っているのは日本で唯一といってもいいほど珍しい蔵です。岡山県真庭市には発酵醸造業を営む事業社が7社あり、5代目河野尚基さんは「まにわ発酵's」というチームを作って地域活性にも力を入れています。

DATA
岡山県真庭市久世267 ☎0867-42-0102 https://kohno-honten.co.jp/2018/ 蔵見学 無 営8時～17時 休日・祝日

看板みそ

淡色・中辛

「限定手造り 味噌屋清治郎 300g」
770円（税抜き）

国産大豆をていねいに磨いて表皮を取り除き、米は70％精白し麹歩合15割。木桶仕込みでフルーティーな香りと甘味もある天然醸造みそ。

まるみ麹本店

まるみこうじほんてん

全国米みそ蔵めぐり #26

自然栽培の原料の力を引き出す

昭和25年創業。2代目山辺啓三さんは素材が本来持っている力を引き出す製法を追求。有害物質の除去や生命力の活性化などに効果があるとされる備長炭で蔵の床下、壁、天井を覆って、マイナスイオンの多い環境を整え、電子イオン水を使用したみそ造りを行なっています。

DATA
岡山県総社市美袋1825-3 ☎0120-19-1028 https://marumikouji.jp/ 蔵見学 有・10名以上で要事前予約 営8時半～17時 休日・祝日

看板みそ

淡色・中辛

「奇跡の味噌」 750gカップ 1800円（税抜き）

無農薬・無肥料栽培の「奇跡のりんご」で知られる木村秋則氏指導のもと、自然栽培した大豆と米を使用。抗酸化作用の高い甘味のある自然派みそ。

足立醸造

あだちじょうぞうじょう

全国米みそ蔵めぐり #27

2017年から木桶仕込みに挑戦

明治22年に創業し、兵庫県千ケ峰のふもと、国道427号線沿いに直営店と工場をもつ蔵です。地元だけでなく阪神間からの客層も多く、主催するイベントは毎回賑わっています。2017年に新調した木桶でのみそ造り、5代目足立裕さんと弟の学さんの挑戦が始まっています。

DATA
兵庫県多可郡多可町加美区西脇112 ☎0795-35-0031 https://www.adachi-jozo.co.jp/ 蔵見学 有・10名以上要事前予約 営9時～17時半 休正月

看板みそ

赤・中辛

「結 Yui 米こうじ味噌」
450gカップ 1200円（税抜き）

北海道産有機大豆、宮城県産有機米、沖縄県産自然塩使用。自然栽培原料に特化して仕込んだ粒・赤みそ。新しい挑戦の味は、毎年完成が楽しみ。

全国米みそ蔵めぐり #28

井上味噌醤油

いのうえみそしょうゆ

桶職人とともに作り出す味わい

明治8年創業。7代目井上雅史さんはモンゴルに留学していた経歴もある、広い視野をお持ちの方です。もろ蓋と木桶を使い、とことん麹造りにこだわったみそ造りをしています。2015年には木桶を新調。司製樽の桶職人・湯浅啓司さんとともにみそと木桶の技術継承に取り組んでいます。

DATA
徳島県鳴門市撫養町岡崎字二等道路西113 ☎088-686-3251 https://tokiwamiso.com/ 蔵見学 有・要事前予約 ※仕込みのない夏季限定 (営)9時～19時 (休)不定休

看板みそ

赤・中辛

「常盤味噌」500g 1500円（税抜き）

創業当時より受け継がれる丹念な手仕事で、全身全霊をかけて造られる、こしタイプの生みそ。ナッツを思わせる風味が特長。

全国米みそ蔵めぐり #29

イヅツみそ

いづつみそ

郷土料理に欠かせない讃岐の白みそ

昭和6年の創業。香川は、あん餅入り白みそ仕立てのお雑煮やうどんが有名ですが、多くの飲食店で「サヌキ白みそ」が使用されています。良質な大豆と米の産地だったことから、瀬戸内海を渡って関西方面へ移出されてきました。現在も、京阪神や北陸方面で高い人気があります。

DATA
香川県観音寺市豊浜町和田甲229 ☎0875-52-3030 https://idutsumiso.jp/ 蔵見学 有・要事前予約 (営)8時～17時 (休)土・日・祝日

看板みそ

白・甘

「サヌキ白みそ 多糀仕込み」
500g 528円（税抜き）

麹歩合を通常品より約10%増量した23割麹の上位品。お正月の白みそ雑煮にも使用される、売上、人気ともにNo.1のロングセラー商品。

全国米みそ蔵めぐり #30

森製麹所

もりせいこうじょ

小豆島唯一のみそ蔵

昭和初期頃創業。当時22歳の一輝さんが家業を継ぐ決心をし、祖父・俊夫さんから大豆や米の栽培、麹・みそ造りの技術を継承しました。みそを仕込むのは、桶職人復活プロジェクトを率いる「ヤマロク醤油」の山本さんが作った木桶。一輝さんの覚悟への応援が込められています。

DATA
香川県小豆郡小豆島町神懸通甲1510 ☎0879-82-0691 蔵見学 有・要事前予約 ※金・土・日の午後 (営)小売店での購入は要事前連絡

看板みそ

赤・中辛

「極」1800円（税抜き）

日本三大渓谷美・寒霞渓の岩清水で育てた大豆と米を使用。木桶に仕込んだ数量限定の生みそ。無添加でやさしくまろやかな味わい。

豆みそ
ガイド

豆みそはどうやって作られる？

MameMiso-Guide

原料

大豆

塩

豆麹も大豆から造られるため、原料は大豆と塩のみ。

《蒸したり煮たりして冷ます》

全麹仕込みの場合は、一度に全量の大豆を洗って浸漬し、蒸す。

《親指大のみそ玉を作り、種麹を付ける》

蒸した大豆を「みそ玉」にし、表面に種麹を付けて繁殖させる。容器に仕込むときにはみそ玉を潰し、塩、水と混ぜる。

豆麹を別で造り、大豆と合わせる製法もある

先に豆麹を造り、蒸した大豆と合わせる場合もある。自宅で豆みそを作るときは、豆麹を購入し、この方法で。豆麹は、小さなキウイのようでかわいらしい見た目。

豆みそは水分量が少ないため、重石を積んで全体に水分をいきわたらせる。

《すべての材料を混ぜ合わせ、容器に仕込む》

全量の大豆を麹にして仕込む特有の製法がある

豆みその仕込みは、米みそ同様、大豆・大豆麹・塩を混ぜて造る製法と、原料の大豆全量を麹にし、塩と混ぜて造る「全麹仕込み」という製法の2通りです。

前者は、大豆を蒸して潰し、豆麹、塩と混ぜ合わせ、容器に詰めて発酵・熟成させます。

豆みそ特有の全麹仕込みは、大豆を浸漬し蒸した後、みそ玉という塊にして麹菌を付け、全量を豆麹にして塩を混ぜます。みそ玉は蔵により大きさが異なりますが、2㎝～10㎝ほどです。

熟成期間は1年～3年、全麹仕込みの製法は3年と長期熟成のものが多いのが特長です。

豆みそ
ガイド

豆みその味わいを知ろう

MAME-MISO

ちょい足しで料理にコクが出て深い味わいに

豆みそ

主な産地

愛知、三重、岐阜

味わいチャート

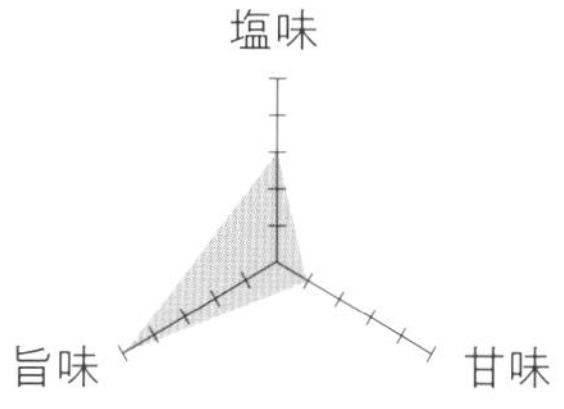

長期熟成によって生まれる強い旨味とコク。人生の酸いも甘いも噛み分けた長老のようなみそ。

使い方のポイント！

- ごま油と合わせて中華料理に
- ほかの調味料や水でよく溶きのばして使う

旨味とコクのある豆みそは甜麺醤の代わりになり、中華料理を気軽に作れる。硬いので、水や酒などレシピ中の水分で溶いてから使う。

相性のいい食材

貝類、トマト、香味野菜、スパイス、豆板醤、昆布だし、コンソメ、鶏がらだし など

旨味の強い食材との相乗効果で、さらにおいしさがアップ。短時間で時間をかけて煮込んだような深い味わいになる。

長期熟成による強い旨味が特長

豆みそは、熟成期間が長いため色が濃く、黒に近い色味です。コクのある深い味わいが特長で、渋味や酸味も感じられます。白い結晶になった旨味成分の塊「チロシン」というアミノ酸を、肉眼で確認できることも。旨味成分が多い分、使用量が少なく済むため減塩効果があると考えられています。

豆みそが東海3県で造られているのは、東海地方の気候が関係しています。海が近く高温多湿で、大豆の脂肪酸が酸化してすっぱくなりやすいため、一度みそ玉を造るという製法が編み出され、水分が少なく長期保存できる豆みそが造られるようになりました。

RECIPE 8

お手軽みそだれ

甜麺醤風みそ

豆みそで作る中華の定番だれ。豆みそ大さじ2、酒大さじ2、砂糖大さじ1をボウルに入れ混ぜる。このたれを使えば麻婆豆腐も手軽に作れる。

中華の定番を
甜麺醤なしで
手軽に！

ホイコーロー

材料（2人分）

豚バラ薄切り肉		160g
ピーマン		1個
キャベツ		200g
酒		小さじ1
片栗粉		大さじ1
A	みそ	大さじ1
	砂糖	小さじ1
	豆板醤	小さじ½
	水	大さじ1と½
ごま油		小さじ3
おろしにんにく		小さじ1

作り方

1. キャベツは大きめのざく切り、ピーマンは乱切りにする。ボウルにAを入れ、よく混ぜる。
2. 豚肉は3cm角の正方形に切り、3～4枚重ねて合計10個ほどのかたまりにする。酒をふり、片栗粉をまぶす。
3. フライパンにごま油小さじ2を入れ中火で熱し、豚肉を並べて約2分、焼き色が付くまで焼いたら取り出す。
4. フライパンをペーパータオルでふき、ごま油小さじ1とにんにくを入れ、弱火にかける。香りが立ってきたら、ピーマンを中火で約1分焼き、キャベツを加える。
5. キャベツがしんなりしたら、豚肉とAを加え、サッと炒める。

豆みそのコクで、
短い時間で本格的な
仕上がりに

ブラウンシチュー

材料（2人分）

牛カルビ肉		120g
玉ねぎ		¼個
にんじん		¼本
じゃがいも		1個
ブロッコリー		40g
バター		20g
A	オリーブオイル	大さじ1
	おろしにんにく	大さじ½
	トマトホール缶	200g
	水	200mℓ
	みそ	大さじ2
	砂糖	小さじ1
	顆粒コンソメ	小さじ1

作り方

1. 玉ねぎはくし切り、にんじんは5mm幅の半月切りにする。じゃがいもは8等分に切り、水に5分浸ける。牛肉は食べやすい大きさに切る。
2. 鍋に1.とAを入れ、フタをして、中火で15分煮込む。
3. 弱火にし、小房に分けたブロッコリーとバターを加えて1～2分煮込む。

ウスターは
フライに、
デミは洋食に

万能ソース2種

ウスターソース風（右）

材料（つくりやすい分量）

豆みそ、米酢、砂糖	各大さじ2
りんごジュース	大さじ4
おろしにんにく	小さじ¼
顆粒コンソメ	小さじ¼
シナモン	少々

作り方

ボウルにすべての材料を入れ、ゴムベラで豆みそを潰しながら最後はホイッパーでよく混ぜる。

デミグラスソース風（左）

材料（つくりやすい分量）

豆みそ、ケチャップ、みりん	各大さじ2
水	大さじ4

作り方

ボウルにすべての材料を入れ、ゴムベラで豆みそを潰し混ぜる。小鍋に移し、中火でひと煮立ちさせる。

全国豆みそ
蔵めぐり
#1

豆麹を仕込む6代目・良之さん。南蔵商店では、豆みそのほか、たまりしょうゆも造っている。

100年以上の木桶を使い
3年熟成させる

南蔵商店
青木弥右ェ門

みなみぐらしょうてん　あおきやうえもん

親子二人三脚で変わらぬ味を守る

私がみそ探訪をはじめた初期、豆みそを造る蔵で最初に訪れ、勉強のために何度も伺っているのが、創業明治5年の南蔵商店です。

豆みそには2通りの製造方法がありますが、豆みその産地・武豊町にある南蔵商店では、全麹仕込みを行なっています。大豆と塩のみで造る全麹仕込みは、大豆の浸

1. 蔵には計 85 本の大桶があり、そのうち 20 本がみそ用。1つの桶に6トンの豆みそが仕込まれている。2. 豆麹のもと・みそ玉を作る「かがみ」という道具。均一な大きさのみそ玉ができる。3. 趣のある黒い外壁。蔵が両脇に並ぶ道を歩くと、ふわっといい香りが漂う。

漬と蒸しでみそ全体の水分量が決まるため、この麹造りが3年後に完成する製品の品質の要となります。南蔵商店の大豆の蒸し方は、低圧で長時間かけて旨味を引き出すのが特長です。

　若（蔵の跡継ぎを私はこう呼んでいます）の良之さんは、幼い頃からみそ造りに興味を持ち、やりがいがあると思っていたそうです。大学卒業後は、広い視野を身につけるために海外留学もされ、現在は、お父様である5代目・青木弥右ェ門さんとともに製造を担っています。

　5代目の一切妥協しない姿勢、常に従業員の方々のことを考えているところ、菌との一期一会も大切にされているところなど学びは多く、〝当たり前のことを当たり前にやること、毎日同じ作業をていねいに続けること〟は、実際に現場に入ると、想像以上に大変だと話していました。

製品を愛用してくれているお客様を裏切らないよう、変わらぬ味を維持していくことをモチベーションに、日々みそ造りに向き合っています。

1個5～6kgある川の天然石が1つの桶に約1.5トン乗っている。液体はみその旨味が凝縮された「たまり」。

看板みそ

「里の味 500g すり」

667円（税抜き）

コク・旨味・酸味・苦味のバランスがとてもよい豆みそ。みそ汁にするとコクがありながらもすっきり感のある味わい。

DATA

愛知県知多郡武豊町里中58　☎0569-73-0046

http://minamigura.com/

蔵見学 有・20名以下要事前予約※夏期を除く

㊔9時～17時　㊡土・日・祝日

深掘りコラム

豆みそとたまりしょうゆの里・武豊町

愛知県知多郡武豊町へは、名古屋駅から名鉄河和線「知多武豊駅」、もしくはJR武豊線「武豊駅」下車で行くことができます。明治19年3月1日に半田線が開通後、半田、亀崎、熱田などとともに愛知県で最初に開業した駅で、武豊停車場（武豊港駅）の跡地には、昭和2年の転車台が回転ポッポ台として整備されています。

ここには、歩いて回れる距離に「南蔵商店」「中定商店」「カクトウ醸造」「伊藤商店」「丸又商店」（丸又商店はたまりじょうゆの製造）の5蔵が密集。立派な30石以上の木桶（1石＝約150kg、桶の高さ約2.4メートル）が並び、全麹の豆みそを製造している、珍しく、貴重な場所です。

ここ数年は、「武豊秋のおもてなしキャンペーン」と題し、蔵元さんの説明付き蔵見学ツアーや、抽選でプレゼントが当たるスタンプラリー、飲食店ではランチメニューの提供、武豊の蔵で造られた豆みそとたまりじょうゆを活用した料理教室イベントなどが行なわれています。

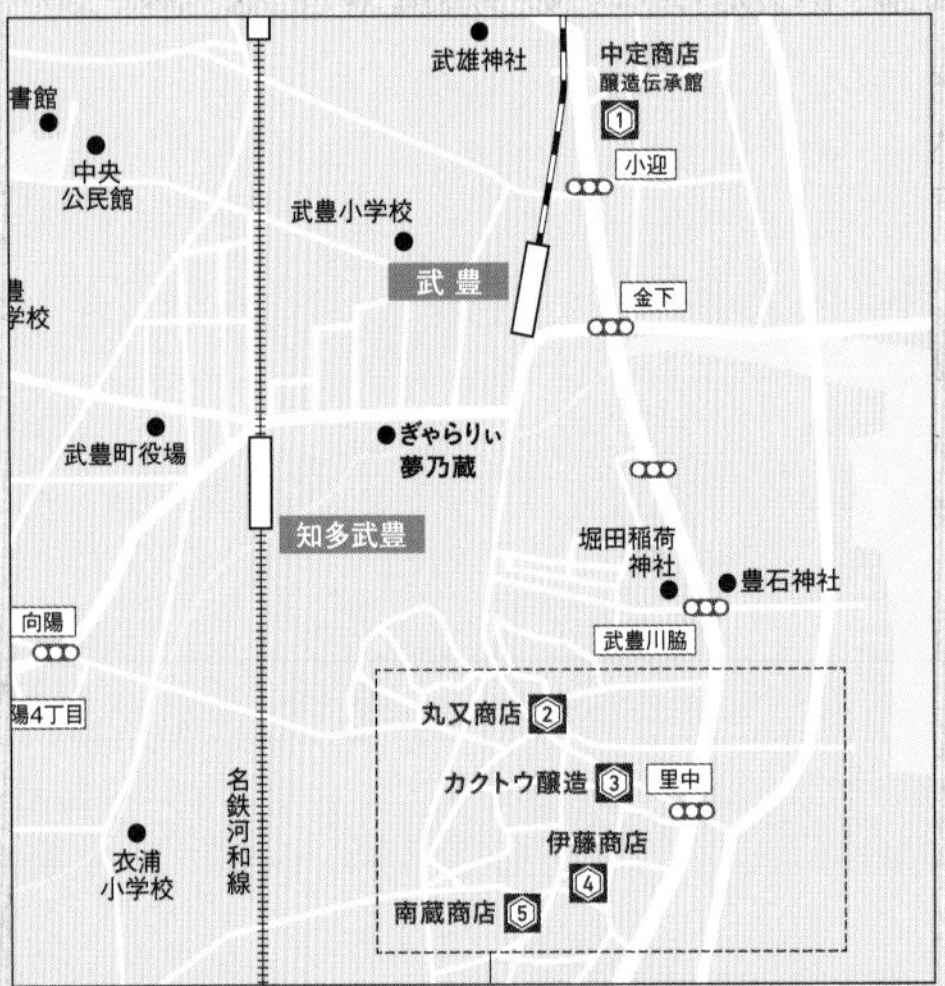

「武豊町地域交流センター／味の蔵たけとよ（https://taketoyo-kouryu.jp/）」では各蔵の商品や地産品・特産品の購入が可能。歴史と産業を学べる展示コーナーや、武豊の歴史を再現したジオラマでも人気。

中定商店
なかさだしょうてん

全国豆みそ蔵めぐり #2

豆みそ造りの歴史も学べる

明治12年創業で、みそはすべて木桶仕込み。6代目中川安憲さんは菌が心地いい環境作りに徹しています。先人たちが使用してきた道具や資料を保管する「醸造伝承館」を開放し、楽しく学んで伝えるイベントも数多く主催。敷地内の3棟が国の登録有形文化財に登録されています。

DATA
愛知県知多郡武豊町小迎51 ☎ 0569-72-0030 http://www.ho-zan.jp/ 蔵見学 有・要予約(見学の2日前までに) ※土・日・祝日を除く(要問合せ) 営 8時半~17時半 休 土・日・祝日、年末年始、お盆

看板みそ

「吟醸・宝山味噌・粒 600g」 600円(税抜き)
力強い旨味が特徴の宝山味噌は、煮込めば煮込むほど旨味が増す。カレーやチャーハンの隠し味や、麺類の汁のベースとして◎

カクトウ醸造
かくとうじょうぞう

全国豆みそ蔵めぐり #3

看板はすりタイプの豆みそ

大正8年の創業。豆みそを造って40年という3代目永田さんは、「いまだに学びが多く、一生かけて勉強」と語ります。直売所には奥様が描いた桶の絵が飾られています。40石の木桶でじっくり醸造されるカクトウ豆みそはすりタイプがメインですが、直売限定で粒タイプも購入できます。

DATA
愛知県知多郡武豊町字里中133 ☎ 0569-72-0341 蔵見学 事前問合せで可能な場合あり 営 9時~17時 休 日・祝日

看板みそ

「カクトウ豆みそ」 620円(参考税抜き価格)
やさしい印象の、豆みそ初心者向けのみそ。りんごやパインなどのジュースやスパイスとのなじみがよいので、P67のソースにぜひ。

伊藤商店
いとうしょうてん

全国豆みそ蔵めぐり #4

200年以上続く武豊町随一の老舗

江戸時代、文政の頃(1818年頃)創業した、約200年続く武豊町でも老舗の蔵元。9代目伊藤冨次郎さんは、麹造り60年というベテラン麹職人。10代目将幸さんがその伝統技術を継いでいます。大豆をきなこ状にして麹菌と混ぜてみそ玉を造るところが、他の蔵とは異なる独自製法です。

DATA
愛知県知多郡武豊字里中54 ☎ 0569-73-0070 http://www.kuramoto-denemon.com/ 蔵見学 有・要電話予約 ※土・日・祝日を除く 営 9時~15時 休 土・日・祝日

看板みそ

「傳右衛門味噌」 620円(税抜き)
約180年ものの木桶約70本を使って造られる傳右衛門味噌。著名な和食料理人、パティシエからも支持されている。

カクキュー八丁味噌

かくきゅーはっちょうみそ

全国豆みそ
蔵めぐり
#5

味一筋に十九代

カクキューは創業1645年。代々早川久右衛門を襲名して、現当主で19代目。岡崎市八帖町（旧八丁村）にて、江戸時代から370年以上変わらぬ製法で八丁味噌を造り続けています。

今川の家臣だった早川家の先祖が、桶狭間の戦いで今川が敗れた後に岡崎の地へ逃れ、寺でみそ造りを学んだことがカクキューの始まりとなっています。現在、約500本の木桶があり、現役の桶で最古のものは天保15年（1844）から使われているそうです。

昭和2年に完成した教会風の本社屋と明治40年に完成した史料館（旧みそ蔵）は、平成8年に愛知県内で最初の国の登録有形文化財に登録されました。史料館にはカクキューの歴史や八丁味噌に関する貴重な資料が展示されています。

1. ハイカラな教会風の本社屋。蔵見学の際には絶好のフォトスポット。**2.** 史料館や蔵見学も充実しており、みそ初心者が蔵見学に行くなら、岡崎がおすすめ。**3.4.** 食事処では名物みそ煮込みうどん、みそ桶こおりなどが楽しめる。売店でもみそ・加工品合わせて約80商品を販売。

看板みそ

「国産大豆 八丁味噌 化粧箱（ＨＢ－Ｈ１）」 800g 1800円（税抜き）

北海道産大豆と塩のみを使用。木桶で２年以上、天然醸造で熟成させている。旨味が凝縮された味わいで、少しの酸味と苦味もクセになる。

DATA

愛知県岡崎市八帖町字往還通69
☎0564-21-1355（見学・売店）
http://www.kakukyu.jp/
蔵見学 有・予約不要、ガイド案内あり※詳細はHP参照
㊔9時~17時 ㊡年末年始　フードコートあり

全国豆みそ蔵めぐり
#6

まるや八丁味噌

まるやはっちょうみそ

職人技に支えられた八丁特有の石積み

1337年、初代・弥治右衛門が醸造業を始めました。まるやには、石積み職人のチームがあり、桶1本に約300～400個、計3トンの石を3～4時間かけて1つ1つ手で円錐状に積み上げます。地震などでも、今まで一度も崩れたことはないそう。この石積みは、10年以上の経験が必要だそうです。現在も、20代の若い見習いが数名親方について修行しています。

まるやはみそ玉を10cmほどにして使用します。蔵には200本の木桶がならび、2010年からは、78年ぶりとなる新桶の取り入れを積極的に行なっています。売店には、試食もできるみその物販をはじめ、加工品も多数販売されています。また、蔵の中庭では、愛知県内の醸造関係者が100名近く集まる親睦会も開催されています。

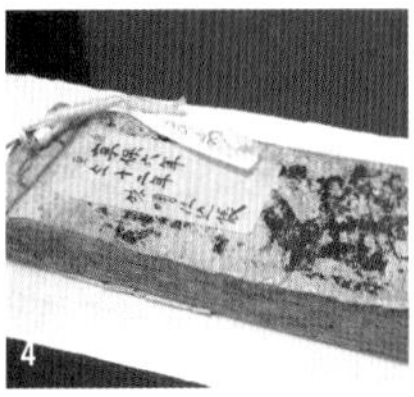

1. カクキューとまるやの距離は徒歩2分ほど。**2.** 新桶は他の桶で造るみその味わいとなじむよう、仕込みの前にみそをぬり、1週間ほど置く。**3.** 熟練の石積み職人。**4.** 戦中に資料などが焼けてしまい、現在残っているのはこの仕込み帳のみ。

看板みそ

「有機八丁味噌 400g」 760円（税抜き）

原料は有機大豆と塩のみ。重石をのせた木桶で二夏二冬熟成させた天然醸造、生の豆みそ。身体に染みこむような深いコクが特長。

DATA

愛知県岡崎市八帖町往還通52　☎0564-22-0222
https://www.8miso.co.jp/
蔵見学 有・予約不要（団体は要予約）、ガイド案内あり
※詳細はHP参照
営 9時～16時20分　休 年末年始

MugiMiso-Guide

麦みそ
ガイド

麦みそはどうやって作られる？

原料

大豆

大麦や
裸麦

塩

麦みそは、大豆に対して、大麦や裸麦から造る麦麹の割合が高い。

《蒸したり煮たりして冷ます》

《蒸して種麹を付ける》

精麦した麦を洗浄して蒸し上げ、種麹をふりかけ、温度・湿度管理をしながら麦麹を造る。麦の粒感を活かした製品が多い。

麦麹造りは浸漬時間がポイント

麦は水分を含みやすく、給水が早いので浸漬時間に気をつかう。しょうゆの場合は麦を炒ってから麹にするが、みそ用の麦麹は蒸して使用する。

《3つの原料と水を混ぜ合わせ、容器に仕込む》

浸漬して洗った後、加熱し柔らかくして潰した大豆と麦麹、塩、水をよく混ぜ、容器に仕込む。基本的には米みそと造り方は同じで、違いは麹の種類のみ。

麦麹を使い、短期間で熟成させる

麦みその原料は大豆・麦・塩。使用するのは大麦や裸麦で、米における精米に相当する「精麦具合」は70～80％ほどになります。

まず、洗って浸漬した麦を蒸し上げ、その麦に麹菌を付けて麦麹を造ります。大豆も洗って浸漬させ、蒸して潰したのち、麦麹と塩と混ぜ合わせ、容器に詰めて発酵・熟成させます。

麦みそが造られる九州地方や瀬戸内、四国などの地域は温暖な気候で、麹歩合が高いことから発酵・熟成期間は2～4か月程と短めです。麦の生産が盛んだったため、米みその代わりに麦みそが造られてきました。

麦みそガイド

麦みその味わいを知ろう

MUGI-MISO

魚介類との相性が抜群

麦みそ

主な産地

愛媛、山口、福岡、大分、宮崎、佐賀、熊本、鹿児島、長崎

味わいチャート

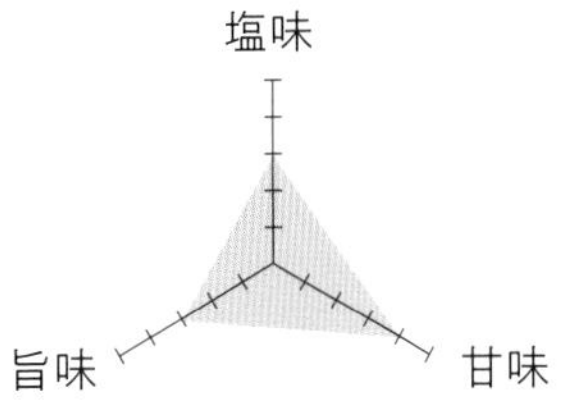

甘味が強いが、香ばしい香りや麦の食感など、ただ甘いだけでなくお酒にも合う。フレッシュ感も残る若いお兄さん的みそ。

使い方のポイント！

- 麦のプチプチ食感を楽しむ
- 甘じょっぱい味付けの酒の肴に

麦の粒が残っているものがほとんど。麦の食感を料理のアクセントとして楽しんで。塩味が強すぎないので、そのままおつまみにしても。

相性のいい食材

魚介類、生野菜、大根おろし、オリーブオイル、ハーブ、昆布だし、あごだし、など

魚介類には甘味のある麦みそがぴったり。特に白身魚がおすすめ。バジルなどのハーブと合わせて、タイ料理の隠し味としても。

麦ならではの香ばしさが魅力

麹歩合が高く、塩分量は比較的少なめで、麦の甘さや香ばしさを感じる味わいが特長です。

大麦由来の食物繊維の一種「大麦β-グルカン」が豊富に含まれているので便秘改善のほか、腸内環境が整うことで美肌効果や免疫力アップにもつながります。さらに、コレステロールを下げたり、食後の血糖値の急上昇を防ぐことからダイエットにもおすすめです。

関東の一部でも麦は栽培され、山梨には、米麹と麦麹を半分ずつ混ぜた「甲州みそ」があります。戦国時代、武田信玄がみその増産を考え、田畑の裏作として麦を育てさせたことから誕生したみそです。

ガパオライス

材料（2人分）

鶏ひき肉	200g
玉ねぎ	¼個
パプリカ（赤・黄）	各¼個
バジルの葉	10枚
A オリーブオイル	小さじ1
A おろしにんにく	小さじ1
A 豆板醤	小さじ½
みそ、酒	各大さじ1
ごはん	300g
卵	2個

作り方

1. 玉ねぎはみじん切りに、パプリカは5mmの角切りにする。目玉焼きを作っておく。
2. フライパンにAを入れて弱火にかけ、香りが立ってきたら玉ねぎを加え、半透明になるまで炒める。
3. ひき肉を加えて炒め、火が通ったら、みそと酒を加えてさらに炒める。
4. パプリカを加えてさっと炒めたら、仕上げにバジルを加えて混ぜ、火をとめる。
5. ごはんと4.を器に盛り、目玉焼きをのせる。

大根おろしと
麦みそは
相性ばつぐん

タラのみぞれ煮

材料（2人分）

タラ	2切れ
大根	2cm分
A 塩	少々
A 酒	小さじ1
片栗粉	大さじ2
油	大さじ1
B みそ	大さじ1
B 酒	大さじ1
B みりん	大さじ1
B 水	大さじ4

作り方

1. 大根はすり下ろし、ザルで水気を切る。タラは1切れを3等分にし、Aをふって5分ほど置き、片栗粉をまぶす。
2. フライパンに油を中火で熱し、タラの皮目を下にして並べ、2分焼く。
3. タラを裏返し、Bを加えて混ぜる。ひと煮立ちしたら、1.の大根おろしを加え、弱火で3分煮る。

オリーブオイル
の香りとマッチ

トマトのマリネ

材料（つくりやすい分量）

ミニトマト	12個
みそ、オリーブオイル、米酢	各大さじ$\frac{1}{2}$

作り方

1. ミニトマトは半分に切る。
2. ボウルにみそ、オリーブオイル、米酢を入れ、よく混ぜる。
3. 1.と2.を和える。

RECIPE 9

お手軽みそだれ

洋風みそ

麦みそ大さじ2、オリーブオイル大さじ4をボウルに入れ混ぜると、洋風に。刻んだアンチョビとクルミを加えれば、バーニャカウダソース風にもなる。

全国麦みそ
蔵めぐり
#1

熊本県産・小国杉で新調した木桶と100年ものの木桶が並ぶ。

90年以上にわたり
熊本伝承の麦みそを造る

ヱビス味噌本舗
貝島商店

えびすみそほんぽ　かいじましょうてん

伝統の木桶と最新技術を融合させたみそ造り

貝島商店は昭和2年創業、昭和35年には熊本県内のほかの蔵に先駆けて工場化されました。すべてを一新するのではなく、最先端の機械と昔ながらの木桶のよさを混合してのみそ造りを行なっています。

専務の貝嶋慶治さんは大手食品メーカーに勤めた後、30歳で家業に入られました。戻ってきた当初

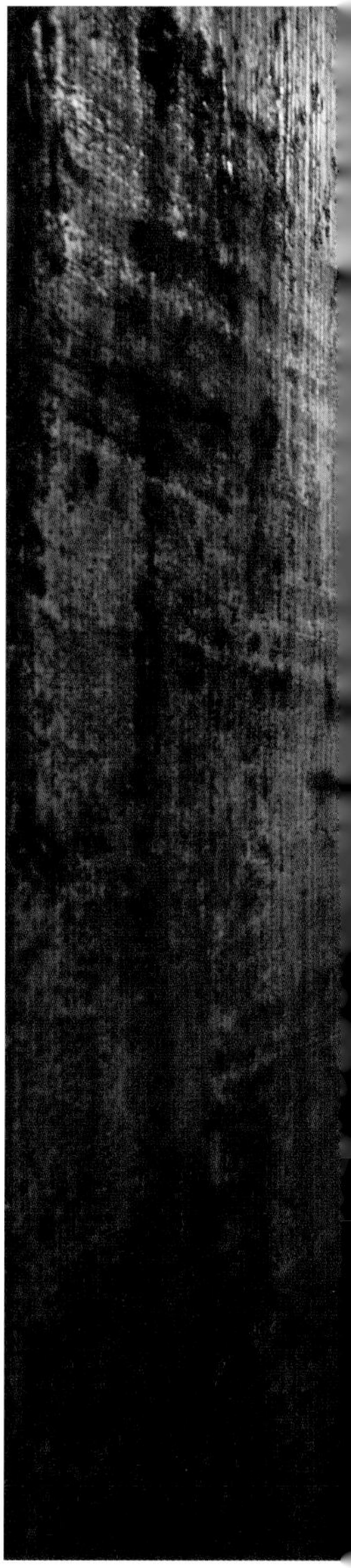

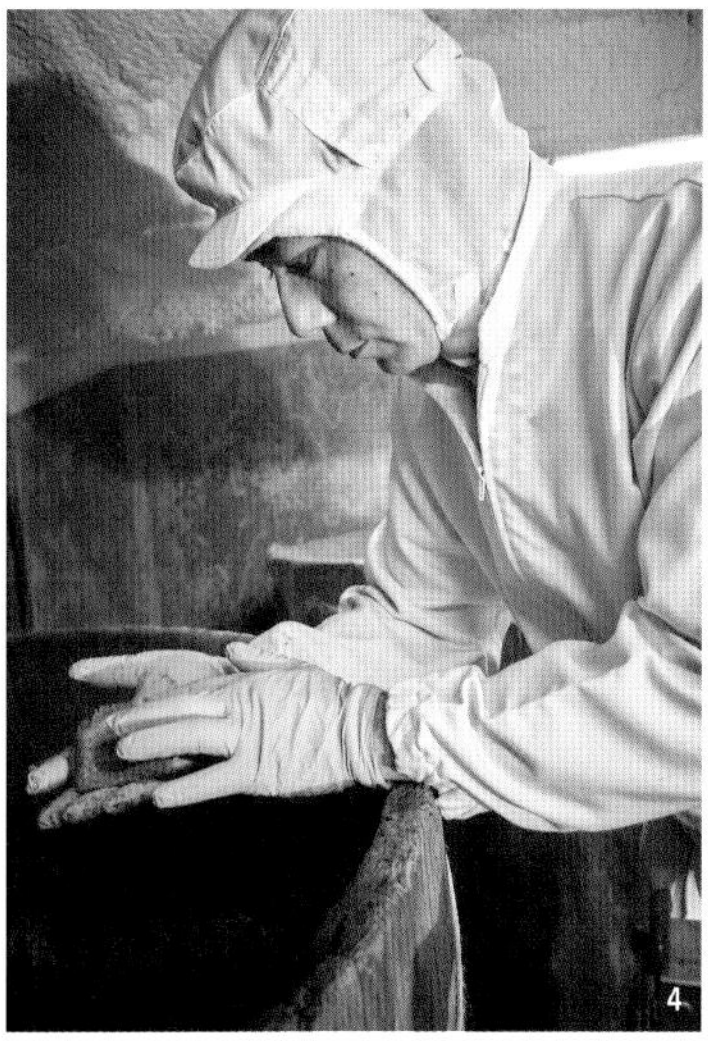

1. 創業以前にしょうゆ屋から引き継いだ、100年以上の木桶。長年使いこんだ木桶には、蔵独特の菌がすみついている。2. 吟味して厳選した原材料を独自の技術で仕込む。3. 国産大麦を使用した自家製の麦麹。4. みその発酵・熟成具合や水分量、硬さ、色の付き方、香りなどを確認する専務の貝嶋さん。社員には「自分の周囲の人にも喜んでもらえるような製品造りを」と呼び掛けている。

はそろばんを使うようなアナログの環境で、「まずは環境から整えなくては」という状況だったそう。

　当時は蔵を大きくすることが念頭にあったそうですが、最近では地元の方に向けた情報発信に注力。工場見学の受け入れや出前授業を積極的に行い、継続していくことに重点を置いています。

　現在、蔵では7本の桶を使用。麦みそは40~60日の期間で製造されますが、短期間で味わい、香り、硬さ、さらに色への配慮も含め完成させる点が職人の技だと言います。九州地方は元々温暖な気候な

1

2

1.2. 最新機器を導入した蔵の内部。清潔に保たれている。3. 蔵の入り口には、役目を終えた木桶が飾られ、シンボル的な存在に。4. できたてのみそや甘酒を販売する売店。甘酒などのイートインも可能。5. 解体した木桶から作ったほこらが、みそ造りを見守る。

5

4

3

がら、年々夏期の暑さが増していることから、その調整は一段と難しくなっているそうです。

平成28年の熊本地震で半壊した蔵を建て直す際、日本三大杉のひとつである小国杉《おぐにすぎ》を使用し、新桶を新調されました。蔵の外にあるほこらは、現役を終えた桶を使用し作られたものだそうです。

敷地内入り口にある事務所には、売店をかねたイートインスペースを設置し、いつでも気軽に寄ってもらえる場所にしていきたいとお話されていました。

〟看板みそ〝

「小国杉樽仕込み味噌」

500g　600円（税抜き）

天然醸造・木桶仕込みで造られた、華やかな香りの麦みそ。P46で紹介した「しょうがみそ」にもぴったり。

DATA

熊本県熊本市迎町 2-2-15　☎ 0120-823-304

https://www.yebisumiso.co.jp/　蔵見学 有・要事前予約

㊮ 9時～17時　㊡土・日・祝日

綾部味噌醸造元

あやべみそじょうぞうもと

全国麦みそ蔵めぐり #2

城下町・杵築のシンボル的な蔵

明治33年創業。高台に武家屋敷、谷間に商店が並ぶサンドイッチ型城下町が残る杵築にあり、「酢屋の坂」という名所の由来になった蔵です。酢の製造で麹を造っていたことから、みそ造りが始まったそう。18世紀中頃に建てられた蔵は市の指定有形文化財です。創業当初から変わらない製法を4代目の綾部浩太郎さんが受け継いでいます。向かいにある老舗和菓子店の「味噌まんじゅう」にも使用されています。

建物は伝統的な商家の造り。店内には趣ある調度品が並ぶ。

DATA

大分県杵築市大字杵築169　☎0978-62-2169

蔵見学 有※作業中を除く

営 9時~19時　休 年始

看板みそ

「特選麦粒味噌」 400g 510円（税抜き）

地下天然水、大分県産大豆、国産米、九州産大麦を使用。木桶熟成で、香り高い粒タイプの生みそ。店では、奥様がいろいろなみそ料理を教えてくれる。

麻生醤油醸造場

あそうしょうゆじょうぞうじょう

全国麦みそ蔵めぐり #3

伝統製法で天然杉の木桶に仕込む

昭和27年創業。のどかな自然が広がる玖珠群九重町で真摯にみそ造りに向き合う3代目麻生隆一朗さんは、2代目が早くに逝去したことから若くして後を継ぎました。発酵食への理解がある若手シェフとともに、自社商品を使った新たなメニューを想像する「九州の発酵力伝承ツアー」を企画。精力的にみその拡散に努めています。家族を思い出すような、ホッとする味わいの木桶仕込みのみそを製造しています。

屋号・ヤマフネが掲げられた外観。スタッフは全員が地元玖珠郡在住。

DATA

大分県玖珠郡九重町右田2582-2　☎0973-76-2015

http://asoushoyu.com/

蔵見学 有・要事前予約 ※土・日・祝日を除く。大人数は不可

看板みそ

「家族のみそ（合わせ）」 700円（税抜き）

古式製法、原材料はすべて九州産にこだわった無添加の粒・生みそ。合わせ麹で造られ、甘味と塩味が絶妙。日常使いにおすすめのみそ。

カニ醤油

かにしょうゆ

全国麦みそ
蔵めぐり
#4

400年を超える歴史をもつ老舗

慶長5年（1600）創業、九州最古とされるみそ蔵。美濃の藩主・稲葉貞通が臼杵に領地を移す際、偵察に来た家臣・可兒《かに》傳蔵が店を構えたことが始まりです。板垣退助が選挙資金の援助を請うた手紙が残るなど、歴史ある蔵。12代目可兒愛一郎さんはトークもアイディアも光る人物です。

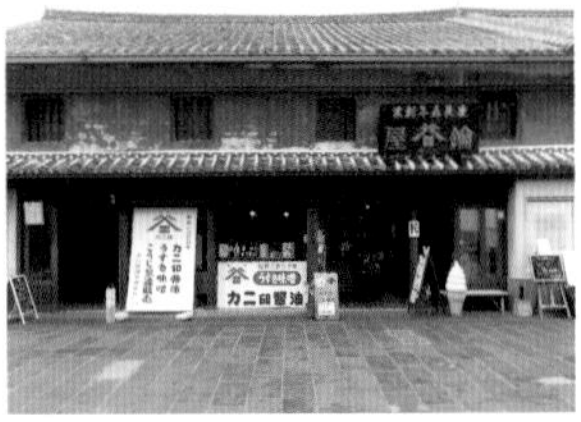

DATA
大分県臼杵市大字臼杵218
☎ 0972-63-1177 https://www.kagiya-1600.com/
蔵見学 無　営9時～18時
休火

看板みそ

「無添加合わせ・こめこめむぎむぎうすきみそ」 1000円（税抜き）

杉木の麹室で一畳分ある大きなもろ蓋を使用し、麹造りを行なっている。麹歩合が高く、短期熟成甘口タイプの、米と麦の合わせみそ。無添加。

卑弥呼醤院

ひみこしょういん

全国麦みそ
蔵めぐり
#5

蔵併設のカフェではみそ汁が充実

大正12年にみそ製造業を開始。日本の食卓の中で米が「王様」ならば、みそ汁は「女王」であるとの想いから、もっとも有名な女王の名をとり「卑弥呼」と名付けたそう。店主が集めた数万点もの骨董品を並べた非日常空間をカフェにし、特徴ある17種類のみそ汁を提供しています。

DATA
熊本県山鹿市本町来民1586
☎ 0968-46-2123 https://www.misosyouyu.com/
蔵見学 2階カフェより常時製造風景の見学可　営9時～17時半　休日・年末年始 茶房さくらさくら10時～17時

看板みそ

「特選麦みそ」 900g袋入り583円（税抜き）

麹造りで用いる石室と麹蓋は創業当時からそのまま。大豆と大麦は熊本産、丹念に造られた麹を贅沢に使用した爽やかな風味の粒・麦みそ。

ヤマエ食品工業

やまえしょくひんこうぎょう

全国麦みそ
蔵めぐり
#6

幕末の志士・西郷どんゆかりのみそ

明治4年の創業当時、宮崎県都城市は「都城県」でした。時の県知事・桂久武と親交があったのが西郷隆盛。「西郷さんはみそ作りが大変お上手でした」と、その様子を見ていた義妹・岩山トクが語っている肉声の録音も残っており、これらの関わりから当時のみそを再現しました。

DATA
宮崎県都城市西町3646 ☎ 0986-22-4611 https://www.yamae-foods.net
蔵見学 有※20名以上で要事前予約。詳細はHP参照

看板みそ

「西郷どん味噌」 600g 500円（税抜き）

西郷隆盛が食べていたとされる自家製薩摩みそを、当時の文献をもとに再現。国内産の原料を使用した甘みのある30歩麹の麦みそ。

井伊商店

いいしょうてん

全国麦みそ蔵めぐり #7

一度食べれば麦の甘味のとりこに

昭和33年創業。ひたすらに1種のみを製造する麦みそ一筋の蔵です。原材料もほぼ麦のみ。3代目井伊友博さんは蔵付き菌を大切にしており、室は菌が心地いいように木製。麹造りにはもろ蓋を使用、木桶仕込みの天然醸造を行なっています。麹歩合が高く甘味が染みる、クセになる味わい。

DATA
愛媛県宇和島市鶴島町3-23 ☎0895-22-2549 https://iimiso.com/ 蔵見学 少人数なら事前予約で可能な場合あり 営8時～18時 休日

看板みそ

「井伊商店の麦味噌」 1kg 584円（税抜き）

麦は四国産、大豆は富山産、塩は香川産を使用した無添加の粒・生の麦みそ。時期によって1%ほどの大豆を含む場合と、麦のみの場合がある。

岡本醤油醸造場

おかもとしょうゆじょうぞうじょう

全国麦みそ蔵めぐり #8

瀬戸内の温暖な気候が育むみそ

昭和7年創業。瀬戸内海の中央に位置する芸予諸島のひとつ大崎上島は、北は中国山地、南は四国山地に挟まれ、温暖な気候で、みそやしょうゆの発酵に適しています。味も香りもさっぱりめのさわやかなみそは、飲食店にも使用されています。信条は「あせらず、たゆまず、おこたらず」。

DATA
広島県豊田郡大崎上島町東野2577 ☎0120-75-2041 http://okamoto-shoyu.com/ 蔵見学 有・要事前予約 ※見学前に畑に入った場合や仕込み時期は不可の可能性あり 営9時～17時 休不定休

看板みそ

「弥作の麦みそ」 800g 650円（税抜き）

国産の大豆と裸麦、地元・瀬戸内海水塩を使用。天地返しを1回行い、低塩、低温仕込みで4か月熟成させた無添加の粒・生の麦みそ。

農業組合法人 吾妻農産加工組合

のうぎょうくみあいほうじん
あづまのうさんかこうくみあい

全国麦みそ蔵めぐり #9

やさしい塩味のおふくろの味

昭和56年、農業が盛んな長崎県雲仙市吾妻町の婦人部400名が出資金を出し合い、加工部をつくったことが始まりです。地域で採れる農産物を有効に活用し、昔から伝わるおふくろの味を次の世代に残すため、添加物の入らない安全なみそ造りに取り組んでいます。

DATA
長崎県雲仙市吾妻町牛口名440-1 ☎0957-38-6008 http://azuma-miso.or.jp/ 蔵見学 無 営8時～17時 休日

看板みそ

「吾妻麦天塩みそ」
900g袋入り 530円（税抜き）

地元長崎産の麦、大豆、天然の塩にこだわっている。約2か月熟成させた、低塩でやさしくまろやかな味わいの麦みそ。粒タイプ。

AwaseMiso-Guide

合わせみそ
ガイド

合わせみそはどうやって作られる？

〈タイプ①合わせ麹〉

《蒸したり煮たりして潰す》

大豆を洗って浸漬させ、蒸したり煮たりして簡単に潰せる硬さにする。これはどのみそも共通の工程。

《麹を造る》

まず米麹（P34）や麦麹（P74）を別々に造り、容器の中に一緒に詰める。その分、麹造りの手間がかかる。

〈タイプ②ブレンド〉

《蔵で造ったさまざまなみそ》

みそ蔵や大手メーカーの工場では、それぞれ代名詞的な銘柄があるが、多数の製品を造っているところが多い。

《2～3種類を混ぜ合わせて完成！》

最適な熟成期間で食べ頃になったみそをブレンドして出荷する。購入した好みのみそを自分でブレンドして楽しむこともできる。

複数の麹を使う製法は、難易度が高い

合わせみその造り方は、製造の段階で複数の麹を合わせて仕込む「合わせ麹」という製法と、完成したみそを複数ブレンドして造る製法の2通りです。

自宅でみそを作る際は合わせ麹の製法で仕込む人も多いですが、蔵での製造の規模になると、完成後のみそを合わせる製法が一般的です。商品数を確保するうえで効率がよく、その時々で調整がきやすいためです。

合わせ麹は麹の種類により分解のスピードが異なる点に難しさがありますが、合わせ麹製法を行う蔵元は「どう完成するかが楽しみでおもしろい」といいます。

すべての原料と水を混ぜ合わせ、容器に仕込む

数種類とほかの原料を容器に仕込む。たんぱく質が主成分の豆麹は米や麦とは分解速度が大きく異なるためこの製法で使われることは少ないが、自家製なら試してみても。

容器で寝かせて完成！

使う麹の種類やその配合によって、寝かせる期間を調整する。合わせ麹の方法でよく造られているのは、米と麦の合わせみそで、広く流通している。

深掘りコラム

オリジナルブレンドに力を入れる専門店も

「蔵代味噌」は、みその量り売りやみそに関連する商品を販売するみそ専門店です。時は平安、日本で最初にみそ専門店ができたとされる京都の地にあります。店内に並ぶ全国各地から厳選した30種類以上のみそは、みそにとっての最適な熟成期間や風味、コクなどベストなタイミングを見極めて販売されています。

すべて味見が可能で、色々なみそをテイスティングしながら自分好みを見つけることができます。「初恋」「一途一心」などの個性ある商品名が付けられていて、1つ1つみその特長と合わせて見ていく楽しみもあります。

蔵代味噌では、自分だけの“オリジナル合わせみそ”をブレンドしてもらえるうれしいサービスも行っています。オリジナル合わせみそを希望する場合は、ヒアリング、テイスティング、ブレンディングを行うにあたり、一人当たり約30分から1時間ほどの時間がかかるため、事前に電話にて予約が必要となります。

店一押しの合わせみそも数種用意されているので、ぜひお試しを。

シンプルでモダンな店内には、全国のみそが並ぶ。1年以上熟成させたみそは「蔵代 Vintage」として販売。

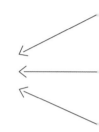

合わせみそガイド

合わせみその味わいを知ろう

蔵元のおすすめブレンドを楽しむ

合わせみそ

主な産地

米と麦の合わせ　九州地方、四国地方、中国地方　赤だし　愛知、三重、岐阜、近畿地方

味わいチャート

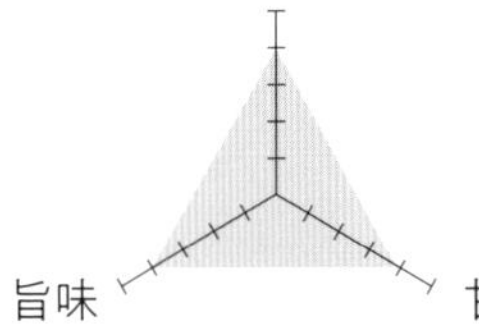

バランスよくまとまりのある味わい。料理の味をしっかりまとめあげてくれる、頼れるお母さんのようなみそ。

使い方のポイント！

- □ バランスがよく、合わせる食材を選ばない
- □ 自分好みのブレンドを探す

複数のみそが味わいを補い合うことで、塩味、旨味、甘味のバランスが整う。合わせる種類や配合で自分好みを探究する楽しみも。

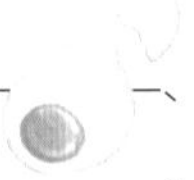

相性のいい食材

豆腐、油揚げ、卵、わかめ、長ねぎ、青ねぎ、昆布だし、かつおだし、あごだし など

みそ汁の定番食材である大豆製品や卵、わかめなどとの相性は抜群。和風だしも昆布から魚介系までよく合う。

数種類を混ぜることで深みのある味わいに

「米みそ」同士など同じタイプのみそを合わせても、味わいに深みが増します。また、粒みそとこしみそ、濃い色と薄い色というように反対の特長をもつみそを合わせてもよいでしょう。

最近では、合わせみそとして販売されているみそが増えてきましたが、家庭でも好みの合わせみそを作れます。毎食、気分に合わせて配合を変えてみても。

甘さを足したいのであれば麹歩合が高く塩分の少ない「米白」「米赤甘」「麦」、コクを足すなら熟成期間の長い「米赤辛」「豆」といったように、目指す味わいから組み合わせを考えていきます。

自宅で楽しむ合わせみそ

全国各地の蔵元やメーカーが独自にブレンドした合わせみそを販売していますが、自宅でも簡単に作ることができます。２～３種類のみそを常備すれば、それぞれの使い分けを楽しめるだけでなく、オリジナルブレンドを作る楽しみも広がります。分量など細かいことは気にせず、いろいろなみそを混ぜて使ってみて、自分好みのブレンドを見つけていきましょう。ぜひ試してほしい４つのブレンドを紹介します。

Blend 01

バランスブレンド

米 好みのもの　＋　麦

1 : 1

米みそと麦みそはスーパーでも手軽に購入できるので、常備しておきたい２種。甘味や塩味のバランスを考えれば、どんな料理にも使いやすい鉄板の合わせみそに。日々の気分で配合を変えてみても。

Blend 02

すっきりブレンド

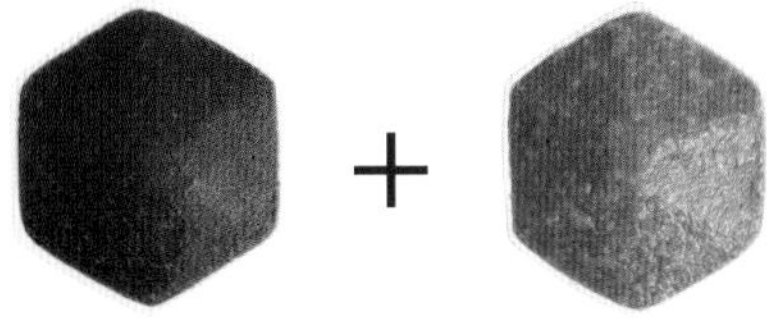

米 赤・辛口　＋　米 赤・辛口以外

2 : 1

種類の豊富な米みそ同士の組み合わせ。主に北海道や東北で造られている辛口の赤みそをベースにすると、後味すっきり。割合は赤みそ・辛口を倍量にするのがベスト。暑い時期や疲れたときにおすすめ。

Blend 03

まろやかブレンド

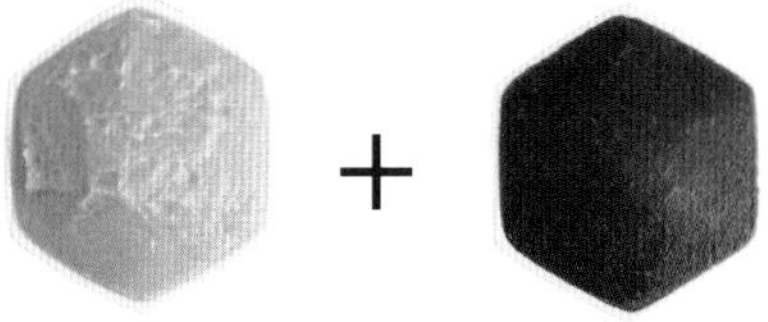

米 白　＋　好みのもの

1 : 0.5

いつものみそに甘味が特長の白みそを半量ほど混ぜると、まろやかな仕上がりに。麹歩合の高い白みそを使えば、自然でまろやかな甘味を楽しめる。寒い時期やほっこりしたいときにおすすめ。

Blend 04

旨味ブレンド

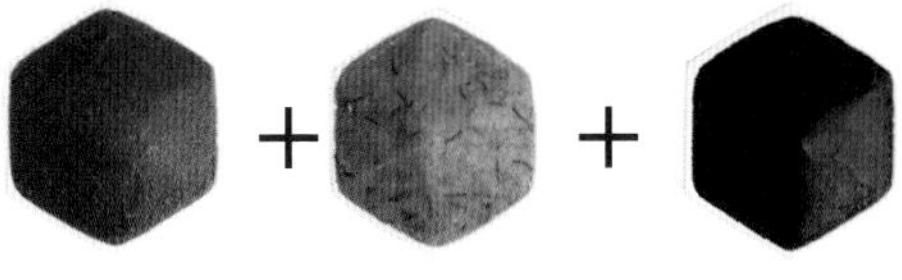

米 好みのもの　＋　麦 好みのもの　＋　豆

2 : 1 : 0.1

豆みそを少量加えれば、旨味とコクがぐんとアップ。硬い豆みそをほかのみそでのばすと、使いやすくなるメリットも。合わせるみそは好みのものでOK。ベストな割合を探してみよう。

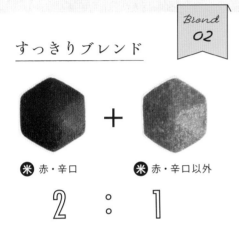

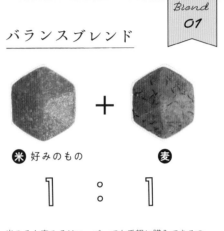

肉そぼろ

材料（2人分）

豚ひき肉	200g
青ねぎ	4本
酒	大さじ2
おろしにんにく	小さじ2
油	小さじ1
A みそ	大さじ3
A みりん	大さじ2

作り方

1. 青ねぎは小口切りにする。
2. フライパンに油とにんにくを入れて弱火で熱し、ひき肉と酒を加え、中火で肉に火が通るまで炒める。
3. Aを加えて全体になじませ、さらに1.を加えて混ぜる。

Point ごはんにのせると、肉そぼろ丼に。好みで炒り卵などと合わせて

みそ×にんにく
で疲労回復

なすとズッキーニのみそ炒め

材料（2人分）

なす	2本
ズッキーニ	$\frac{1}{4}$本
油	大さじ2
A ┌ みそ、みりん	各大さじ1
└ おろしにんにく	小さじ1

作り方

1. なすとズッキーニは一口大の乱切りにし、ボウルに入れて油と和える。
2. フライパンに1.を皮が外側になるように並べて中火にかけ、ときどき返しながら皮以外の面をまんべんなく約2分焼く。
3. Aを加えて全体にからめ、木べらでサッと炒める。

みそを使っても、
色鮮やかな
仕上がり

根菜のきんぴら

材料（2人分）

ごぼう	$\frac{1}{3}$本
にんじん	$\frac{1}{3}$本
油	小さじ2
A ┌ 合わせみそ、みりん、砂糖	各小さじ2
└ 水	小さじ2
白いりごま	小さじ$\frac{1}{2}$

作り方

1. にんじんは千切りにする。ごぼうは千切りにし、水に約5分浸け、水気を切る。Aは合わせておく。
2. フライパンに油を入れ、中火で1.を炒める。
3. Aを加えてさらに炒め、皿に盛っていりごまをふる。

RECIPE 10

お手軽味噌だれ

にんにくみそ

合わせみそ大さじ4、おろしにんにく小さじ2をボウルに入れ混ぜる。ラーメンにちょい足しすれば、コクがアップ。塩やしょうゆラーメンとも相性◎

全国変わり種
みそ蔵めぐり
#1

丸新本家 湯浅醤油

まるしんほんけ ゆあさしょうゆ

復活させた伝統野菜を使って

明治14年創業以来、みそ文化財でも紹介した覚心（法燈《ほっとう》円《えん》明《みょう》国《こく》師《し》）により興国寺に伝えられた金山寺みその製造を行なっています。米、大麦、大豆、なす、瓜、生姜、しそが入った食感のよいおかずみそで、地元では和歌山県の郷土食「おかいさん」という茶粥と供されるのが定番。地元の伝統野菜・湯浅なすが絶滅直前だと知った5代目新古敏朗さんが2010年に農家と一緒に復活させ、みそに使用しています。

ごはんやきゅうりなどの定番のほか、チーズと合わせるのが蔵のおすすめ。

DATA

和歌山県有田郡湯浅町湯浅 1464　☎ 0120-345-193

https://www.yuasasyouyu.co.jp/

蔵見学 有（醤油蔵のみ）・要事前予約　☎ 0737-62-2100

㊔9時~17時半　㊡年末年始　蔵カフェ（9時～16時）

看板みそ

「具だくさん紀州金山寺味噌」
270g 660円（税抜き）

合成保存料・着色料・甘味料不使用。国産原料と和歌山の伝統野菜・湯浅なすを使用した金山寺みそ。750年受け継がれてきた製法で造られている。

全国変わり種
みそ蔵めぐり
#2

馬場商店

ばばしょうてん

健康効果が注目される紅麹を使用

大正9年の創業で、蔵は日本六古窯のひとつ備前焼の古里に位置します。馬場商店では、備前焼の熟成棒をみそ桶の中に埋め込んでいます。釉薬を一切使わない酸化焔焼成という製法により堅く締められた備前焼は、酵素や酵母の働きを活性化するといわれています。昔から漢方の生薬として利用されてきた「紅麹」を使用しているのも特長です。蒸し上げた穀類に紅麹菌を繁殖させると、紅色をした紅麹ができあがります。

あざやかな紅麹！

蔵付きの菌が醸し出す「蔵の香り」を楽しんで、と三代目・馬場敏彰さん。

DATA

岡山県備前市香登本 868　☎ 0869-66-9027

https://misoyanobabasan.com

蔵見学 有・要事前予約 ※20名以下。12月・1月は除く

㊔8時半～17時　㊡日、土・祝日は不定休

看板みそ

「紅糀みそ」 **300gカップ入り 530円（税抜き）**

半熟成後の米みそに紅麹を加えた、赤い粒がかわいらしいまろやかな味わいのみそ。紅麹が作り出すGABA《ギャバ》は血圧を下げるといわれている。

丸秀醤油

まるひでしょうゆ

全国変わり種
みそ蔵めぐり
#3

10倍の手間をかけた麹造り

創業は明治34年。天然醸造にこだわったみそ製造を行なっています。最大の特長は、米以外に黒米、赤米、あわ、ひえ、はと麦、さらにはキヌアや海藻など、さまざまな原料で麹造りを行なっていること。原料と麹菌、それぞれの特性を見極めながら一種ごとに麹造りをしているので、「十穀味噌」の場合、その手間は通常の10倍となります。発酵の力を使って、人々の健康への貢献や、技術の伝承に取り組んでいます。

十種の雑穀入り！

佐賀県唯一の天然醸造のしょうゆ蔵でもある。

DATA

佐賀県佐賀市高木瀬西6-11-9　☎ 0952-30-1141
http://www.shizen1.com
蔵見学・要事前予約 ※土・日・祝除く
営 9時~17時　休 第二・第四土、日・祝

看板みそ

「十穀味噌」
500g袋入り780円（税抜き）

雑穀はすべて国産を使用し、一種ごとにていねいに麹にする。2017年に新調した木桶で製造し、華やかで香ばしい香りをもつ。

粟国村ソテツ味噌生産組合

あぐにそんそてつみそせいさんくみあい

全国変わり種
みそ蔵めぐり
#4

ソテツを使った沖縄の伝統的なみそ

沖縄の離島・粟国村にあるこの組合は平成6年に結成し、行政の施設で活動しています。ソテツは沖縄や九州南部に自生する小さなヤシの木のような植物で、ソテツの実はデンプンを含むため、地元では食糧難の時代に非常食とされていました。秋に実る朱色の実を使用しますが、サイカシンという毒素があるため、1～2週間くり返し水にさらしてから天日干しして、中の部分を粉々に砕いた状態で使用します。

生産組合は、失われつつある伝統を今に伝える貴重な存在。

DATA

沖縄県粟国村字東1088　☎ 098-988-2059
蔵見学 有・要事前予約

看板みそ

「ソテツ実そ」500g 637円（税抜き）

気になるソテツの味は、一般的な米みそに近い。コクと塩味のある中辛みそ。沖縄県のアンテナショップ「わしたショップ」などで購入可。

お気に入りみそに出会う

みそのプロを訪ねて運命の出会いを

みその種類ごとに特長を紹介してきましたが、同じ味わいのものはひとつもありません。もっと言えば、同じ蔵元でも、桶が違えば味わいが異なることもあります。そんななかで自分のとっておきみそに出会うには、みそ蔵や全国のみそを厳選して販売しているみそ専門店に足を運ぶことをおすすめします。造り手はもちろんのこと、専門店にいる〝みそ愛〟の深いスタッフさんが力になってくれるはずです。

また、スーパーで購入できる大手メーカーのみそは身近な存在。メーカーごとの商品の特長を知って、食べ比べてみるのも楽しいものですよ。

1《ヒント！》 蔵見学に行く

製造現場を見学すると、みそについてより深く理解することができるので、一度は足を運んでみて。まずは近所の蔵を訪ねてみるのもおすすめ。「蔵ぐせ」といわれる、味わいにも影響する蔵ごとの雰囲気を体感できる。

2《ヒント！》 みそ専門店に行く

いろいろなみそを知りたい、食べてみたいという人は、みそ専門店へ行ってみよう。まだ出会ったことのないみそに出会うチャンス。本書のおすすめとして、全国各地のみそを取り扱っている、東京と大阪のみそ専門店を紹介。

3《ヒント！》 大手メーカーのみそを食べ比べる

スーパーに並ぶ同じような見た目のみそも、各メーカーで味わいが異なります。本書では大手メーカーのこだわりや、各メーカーの看板みそを紹介。この機会にいつもと異なるみそを試してみては。

蔵見学に行き、造り手のこだわりに触れる

両手が空くと
とっても便利！

1. その場にしかない空気感や情報に触れられるのが、蔵見学の醍醐味。2. 著者のショルダーバッグには、スマホ、メモ帳、ボールペン。

蔵見学は、みそを探訪する旅

蔵見学で、蔵の歴史やこだわり、建物や蔵内の様子、手造りと機械のバランス、さらには原料の産地、造り手の人柄などを知っていくと、みそがもっと愛しくなるはずです。私自身、蔵探訪を重ね、多くの人と出会いながら、みそへの知識と想いを深めてきました。

すべての蔵が見学を受け入れているわけではなく、時期・対応時間・人数などの基準も異なります。寒仕込みをする蔵が多いので、繁忙期の12～3月はあまりおすすめしません。みそ蔵は、普段から少ない人数で作業をこなしているところが多いので、アポイントなしでの訪問は絶対に避け、ホームページなどで事前に情報を確認し、必要に応じて電話やお問い合わせフォームから予約の手続きをとってください。

蔵見学に行くことが決まったら、ぜひ本書を大いに活用して、みそ造りの基礎知識を勉強してみてください。特に、原材料や製造工程を理解しておくと、当日の理解度が倍増します。

蔵見学時の注意点

☑ 前日、当日は納豆を食べない

納豆菌は強く、みそ造りで必要な麹菌や酵母に影響を与えてしまうため、蔵見学の前日や当日は、納豆は厳禁。

☑ メモを取るときはボールペン

シャープペンシルや消しゴムなど、芯が折れたりカスが出てしまう可能性があるものは、異物混入になりやすいため、持ち込まない。

☑ スニーカーがベスト

蔵内は滑りやすい場所があったり、階段やはしごを登ることもあるため、動きやすいスニーカーがおすすめ。

☑ 撮影前には必ず確認を

蔵内には外部に漏れてはいけない情報もあるため、カメラや携帯で撮影する前にはひとこと許可を得るようにする。

MISO SENMON-TEN 1

佐野みそ亀戸本店

東京・亀戸

美しく盛られた色とりどりのみそが並ぶ。各みその看板にはおすすめの食べ方や相性のよい食材など、役に立つ情報が満載。

戦後の復興をみそで後押しした老舗

　ずらりと並ぶみそ桶が印象的な佐野みそ本店は、昭和9年6月25日創業。現・佐野社長の祖父、先々代の一郎さんとその奥様・花子さんが社屋の3階で結婚式を挙げ、その日の午後にお店を開店されたのが始まりです。創業日が結婚記念日というとても素敵なエピソード。

　昭和20年、空襲で店舗が焼けてしまった後、再建し、みその配給所として再スタートを切りました。配給するみその量に規制がかかる中、〝戦争に負けて荒廃した日本には、今こそみそが必要だ〟と立ち上がったのです。統制品のため、見つかれば没収される危険を冒して買い付けに行き、多くの人々へみそを届けたそう。慎重派で堅実だった一郎さんが、利益や損害よりもなんとかみそを届けようとした使命感に、佐野社長は感銘を受け、〃お客様に喜んでいただくことを一番に〃という想いを大切にしているといいます。熱い想いが、受け継がれているのです。
　店内には、現地まで足を運び日本各地から集めた70種のみそのうち、社内総選挙で選ばれた46種がみそ桶に盛られています。他にも自然派の漬け物、海と山の乾物などこだわりの商品約千点が取りそろえられています。

みそに精通した“噌ムリエ”

購入する際に試食が可能で、“噌ムリエ”からみそについて的確なアドバイスを受けらえる。噌ムリエは、店で扱う各種みそにどんな具材が合うかなど話し合い、日々みそへの知識を深めている。

お客様との会話では、必ず家族のエピソードが語られます

新婚時代に一生懸命みそ汁を作った思い出や、家族の健康を想って献立を考えているお母さんの話などを伺うと“みそって絶対になくてはならないもの”と感じるそう。

新発見のあるイートインスペース

店舗奥にある「味苑《あじえん》」は、“みそ汁をもっと楽しんでもらいたい”という想いから、2016年の改装時に誕生。みそとメインとなる具材を選び、好みのみそ汁に。みそを使ったプリンやフレンチトーストなどのスイーツもある。

DATA

佐野みそ亀戸本店

東京都江東区亀戸 1-35-8
☎ 0120-120-685
https://sanomiso.com/
㊖月～日 10時～19時
㊡年中無休※味苑は 11時～17時半（L.O17時）

MISO SENMON-TEN

2

大源味噌本店

大阪・ミナミ

店を構えるのは大阪・ミナミの黒門市場のそば。初心者でも親身に対応してもらえる。

若い世代や外国人にも みその魅力を発信

　ジェラートのように並んだみそを対面販売する「大源味噌」は、江戸時代末期文政6年（1823）の創業。初代が、自家製みそを天秤棒に担いで売り歩いのが始まりとされています。三代目・竹島源蔵により「大源」の基礎が確立されました。〝素材や製法に一切妥協しない〟という考えのもと、業界内でも早くから海外輸出を試みるなどして事業を拡大しつつ、国内では業務用を軸に関西圏で展開されてきたみそ専門店です。

　大源味噌も、太平洋戦争によりすべてを失ったところから再建し、昭和25年にみごと復興しました。

　現在、店舗には全国各地から集めた16種のみそと、みそ漬けやギフトセットなどの商品約50種が並び、飲食店関係者からみそ初心者まで、幅広い客層から人気を得ています。毎月30日をみその日とし

見た目も楽しいみそのショーケース

冷蔵ショーケースの中には、美しいグラデーションのみそが16種。このジェラートのような見た目の販売スタイルは平成27年にはじまったもの。女性スタッフのアイデアが採用されたそう。

おみそで心豊かな人創り、がモットーです

真摯で柔らかな人柄の安齋社長。約200年も続く老舗の当主ながら、今でも謙虚に学び続ける姿勢が印象的。みそを介して、人とのご縁を大切にしていきたい、と語ります。

お店イチ押しが楽しめる

ごはんと一緒に食べたいおかずみそや、手土産にもできるみそスイーツなどを販売。一押しの「カレーみそ」は無添加のオリジナル品。みそかカレーか、不思議な味がクセになる。ごはんにかけてカレーとして食べるのはもちろん、チャーハンやカレーパン、麺つゆと合わせてカレーうどんにも。

て、千円以上の購入者にはショーケースのみそ１００gをプレゼントするサービスも。

今後は、みその加工品を中心に新商品の開発に注力し、ネットショップで全国へ届けていくそうです。人気商品「カレーみそ」「クリームチーズのみそ漬」に続く新商品の登場が楽しみです。

DATA

大源味噌本店

大阪市中央区日本橋2-5-6
☎0120-174-130
https://daigen-miso.com/
㊢月～土7時半～18時
㊡日・祝日

マルコメ 長野

独自の研究開発で
高い麹歩合を実現！

marukome
日本のあたたかさ、未来へ。

「だし入りみそ」や「液みそ」など、
新しい風を吹き込むラインナップ

1. 長野市の工場では団体での工場見学を受け入れており、小中学校以外は、15名以上から。
2. 米糀の製造過程。「糀美人」シリーズをはじめ、糀商品にも力を入れる。
3. 手軽に使える液みそや、アウトドアにも最適な顆粒みそなど、ライフスタイルに合わせて選べる。

みその新たな可能性を切り開く

安政元年（１８５４）の創業以来、みそ業界の最先端を走ってきたマルコメ。いつでもどこでもみそを食べられるようにと、多様なタイプの製品をそろえています。

国内外に大規模展開されながら、社員は４００名程度であるということに驚きます。みそを軸に発酵食のこれからを〝走りながら考える〟という姿勢で、常に進化を続けてきました。こういった情熱がコーポレートカラーの赤色にも反映されています。マーケティング本部の中に開発や企画、営業などの部署を設け、現場で感じた意見が生きる組織づくりをしているのが、新しい市場を創り出す秘訣のようです。

また、社内認定資格の「味噌アンバサダー」が、全国の学校などで年間約１５０件の出張授業を行い、みその魅力を伝えています。

フンドーキン醤油 大分

社員による官能検査で
旨味を追求！

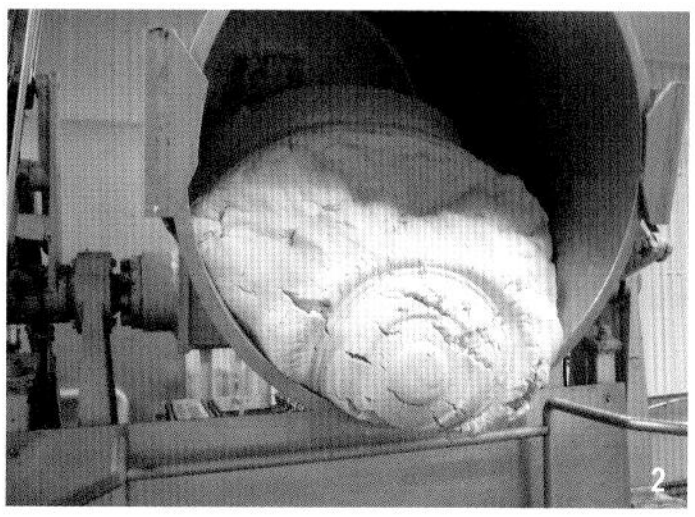

1. フンドーキンの本社がある大分県臼杵市は、城下町が広がる。また、フンドーキンには、世界一大きいしょうゆの木造醸造樽がある。
2. 発酵前のみその素。大豆本来のやさしいクリーム色。
3. 発酵・熟成後のみそがパック詰めされ、購入者の手に届けられる。

安全でおいしい国産原料へのこだわり

臼杵川の中洲にまるで島のように位置する、文久元年（1861）創業のフンドーキン醤油。ロゴマークのデザインは、昔使用されていた「錘《すい》」（はかり・おもり）の形に、初代創始者小手川金次郎の「金」の文字が組まれたものです。左右対称で確かさや正直さを表す「分銅《ふんどう》」に創始者の小手川金次郎の「金」をつなぎ、社名はフンドーキンと名付けられました。

最大のこだわりは原料選びにあります。地元九州を中心とした産地に出向き、手に取って確かめたものだけを仕入れています。大豆は分析機械に頼らず、社員が食べる官能検査で〝おいしい〟と思ったものを選んでいるそうです。

起業祭などを行い、地元民との関わりを大切にしており、工場見学も無料で実施しています。

大手メーカーみそガイド

MISO-GUIDE

・タケヤみそ・
「名人のみそ」500g

米みそ

明治５年創業。卓越技術者として表彰を受けた蔵人が伝統を継ぎ、天然醸造で造る。時間が作り出した深いコクが特長で、ふくらみのある味。

415円（税抜き）（問）竹屋 ☎0266-52-4000 http://www.takeya-miso.co.jp

・マルコメ・
「プラス糀 無添加 糀美人」650g

米みそ

贅沢な24割糀は、現代の需要に合ったやさしい甘みの淡色系粒みそ。美をイメージさせるシリーズ商品。食品添加物不使用、国産米100%使用。

オープン価格（参考価格498円）（問）マルコメ ☎0120-85-5420 https://www.marukome.co.jp/

信州はみその一大産地

このページで紹介している５つのメーカーの共通点は、長野県に本社を構えていること。大手みそメーカーの約４割が長野県発祥ともいわれており、都道府県別の全国出荷量は、第１位を誇っています。かつて禅僧・心地覚心がこの地に伝えたといわれる「安養寺みそ」をルーツに「信州みそ」が地元の特産となり、今では全国的なみそになっています。

・ハナマルキ・
「無添加 円熟こうじみそ 750g」

米みそ

大正７年に創業し、「おみそな～ら、ハナマルキ」のCMでおなじみ。すっきりとした旨味とまろやかな味わいの無添加淡色系のすりみそ。

オープン価格 （問）ハナマルキ ☎0120-870-780 https://www.hanamaruki.co.jp/

・ひかり味噌・
「無添加 円熟こうじみそ 750g」

米みそ

昭和11年創業。甘すぎず塩辛すぎずバランスを考えた10割糀の無添加みそは、料理の味をまとめてくれる。25年以上変わらぬ人気商品。

580円（税抜き） （問）ひかり味噌 ☎03-5940-8850 https://www.hikarimiso.co.jp/

・神州一味噌・
「神州一味噌 み子ちゃん」

米みそ

大正５年にみそ醸造を開始。み子ちゃん印が目を引く淡色系米みそは、55年のロングセラー。近年は粉末の「パパっと味噌パウダー」も人気。

オープン価格（参考価格360円）（問）神州一味噌 ☎0120-55-0553 https://www.shinsyuichi.jp/

生産量・出荷量などの面から、
代表的なみそメーカーを取り上げ、看板みそを紹介します。
食べ比べ、使い分けの参考に。

・マルサンアイ・
「本場赤だし 500g」

豆みそ

昭和 27 年に創業。国産かつお本枯れ節と国産昆布だしを使用し、豆みそのクセや渋味をおさえて甘めに仕上げた赤だし。溶かしやすいのも特長。

530 円（税抜き）（問）マルサンアイ　☎ 0120-92-2503
https://www.marusanai.co.jp/

・イチビキ・
「無添加国産生赤だし」500g

豆みそ

安永元年（1772）創業。国産の大豆と塩だけで仕込んだこだわりの豆みそ。食品添加物無添加。加熱処理を行わず、酵母が生きている生タイプ。

425 円（税抜き）（問）イチビキ　☎ 0120-35-3230
https://www.ichibiki.co.jp/

豆の愛知・麦の九州

豆みそと麦みそは、米みそよりも造られている地域が限られているため、住んでいる地域によってはあまりなじみのない人もいるかもしれません。単独で使うだけでなく、どちらも米みそと混ぜることで味わいに深みが増したり、みそ料理の幅を広げてくれます。豆みそを看板商品とする愛知県のメーカー、麦みそが主力の九州のメーカーを紹介します。

・フンドーキン醤油・
「生詰無添加あわせ」850g

合わせみそ

米の甘さと麦の香りをいかし、麹をたっぷり使用した麹歩合 32 割の合わせみそ。子どもから大人まで食べやすい甘口の粒みそ。生野菜につけても。

488 円（税抜き）（問）フンドーキン醤油
☎ 0972-63-2111　https://www.fundokin.co.jp/

・チョーコー醤油・
「無添加長崎麦みそ」500g カップ

麦みそ

長崎県内の有名醸造元 29 軒が集まり、昭和 16 年に発足。国内産はだか麦 100％使用。みそ本来の風味と香りが引き立つ生の粒・赤色麦みそ。

440 円（税抜き）（問）チョーコー醤油　☎ 095-826-6118
https://choko.co.jp/

・富士甚醤油・
「長期熟成無添加麦みそ」750g カップ

麦みそ

富士甚醤油は明治 16 年創業。国産の裸麦、大豆、食塩を使用し、6 か月熟成。十分に香りを引き出したこだわりの無添加麦みそ。

770 円（税抜き）（問）富士甚醤油　☎ 0120-37-5900
http://www.fujijin.co.jp/

タッパーで気軽に作れる手前みそ

用意するもの

大きめの鍋

大豆は煮るとサポニンという成分の泡が出るので、ある程度高さのある大きめの鍋を使って。今回の材料分で6ℓの寸胴鍋を使用。

大きめのボウル

大豆、麹、塩、すべての材料を混ぜると結構な量になるので、浅くて大きめのボウルを用意すると作業しやすい。

タッパー

ビニール袋やタッパーでも作れるが、光や外気温の影響をダイレクトに受けすぎないホーロー容器がおすすめ。こだわる人は木桶でも！

材料（完成 2kg、麹歩合 10 歩、塩分約 10%）

大豆（乾燥）500g

米麹 500g

天然塩 200g

「旨味の濃い大豆」「材料を分解して発酵を進め甘味にもなる麹」「味を構成するのに欠かせない塩」はどれもおいしいみそを作るのに不可欠。みそ蔵や麹屋が販売している“手作りみそセット”は、計量いらずで良質な材料がそろい、より手軽に挑戦できる。

麹の種類を変えれば、麦みそや豆みそも作れる

一般的に、スーパーでは米麹が販売されていますが、麹屋に行くと麦麹や豆麹を購入することができる。2種もしくは3種を組み合わせて、オリジナルの配合で合わせみそを作ってみても！

発酵食品の中でも、手作りに挑戦しやすいのがみそ。洗った大豆を水に浸けて煮たら潰し、あとは材料を混ぜて置いておくだけで簡単に手作りみそが完成します。

雑菌の少ない夏を避ければ、いつ作ってもいいと考えていますが、私のおすすめは冬。気温が低い時期に仕込むことで、ゆっくり分解され、気温の上昇とともに微生物の働きが活発になって、より味わい深いみそになります。本書で紹介している作り方を基本に、種みそとしてすでにできあがっているみそを少量加える方法も。

みそは保存食なので基本的に賞味期限は設けなくても大丈夫ですが、年に一度の仕込みを習慣にしてほしいので、それを目安に食べきるといいかもしれません。

手前みその作り方

下準備 大豆を水につけておく

POINT
24時間以上かけて浸漬させる

12時間
浸漬させた大豆

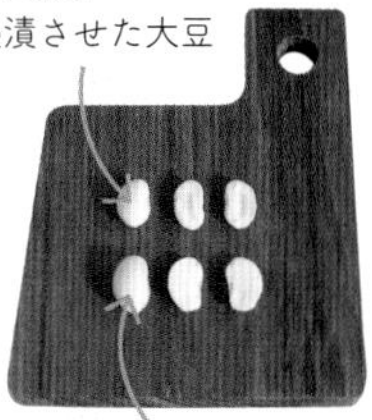

24時間
浸漬させた大豆

ボウルに乾燥したままの大豆と水を入れ、両手で優しくこするようにして、水を４～５回変えながらよく洗う。大豆の３～４倍量の水に浸し、時間をかけて浸漬させる。24時間浸漬させると、大豆は約２倍の大きさになる。12時間浸漬させたものと比べると、中心部までしっかり水を吸って大きくなっているのがわかる。

1. 鍋に水を入れ、大豆を３時間煮る

POINT
煮終わった後、さらに１晩おくと煮汁の旨味が還元される

大豆を一度ザルにあけて水気をきり、鍋に大豆と大豆の３～４倍量の新しい水を入れる。はじめは強火、グツグツと煮えてきたら弱火にして煮る。途中、アクが出てくるが、慌てずに鍋からあふれないように火加減を調整しながら、おたまですくい取る。

2. 素手で大豆を潰す

POINT
大きなポリ袋を使ってもOK

手をグーパーしながら大豆を全体的に潰す。ある程度潰れたら、親指の付け根を使い、大豆を少量ずつボウルにこするように押し潰すと、よりなめらかになる。潰す度合いは好みによるが、しっかりと潰すと分解されやすく、旨味の濃いみそになりやすい。

3. 塩切り麹を作る

塩と麹を混ぜる。潰した大豆は粘り気があるため、先に塩と麹を混ぜることで、大豆全体に均一に混ざりやすくなる。

4. 2.と3.を合わせる

潰した大豆に塩切り麹を合わせる。混ぜ終わりの見極めは、大豆と麹がなじんで麹がポロポロしないところまで。ボウルの底の中心あたりは混ざり漏れていることが多いので、意識して混ぜてみて。

5. 大豆の煮汁を加え、硬さを調整する

どのくらいの硬さのみそにしたいかによって加える水分量は異なるが、今回の作り方では、約100mℓを加えている。次の工程のみそ玉がひび割れない程度が最低限の目安。

6. 5.を丸めて詰める

一度に全量を容器に入れてしまうと、隙間に空間が出来て雑菌が付きやすくなる。まず適当な大きさのみそ玉を作って容器に入れ、隙間ができないように押し潰しながら詰めていく。

7. 表面をなめらかに整え、重しをする

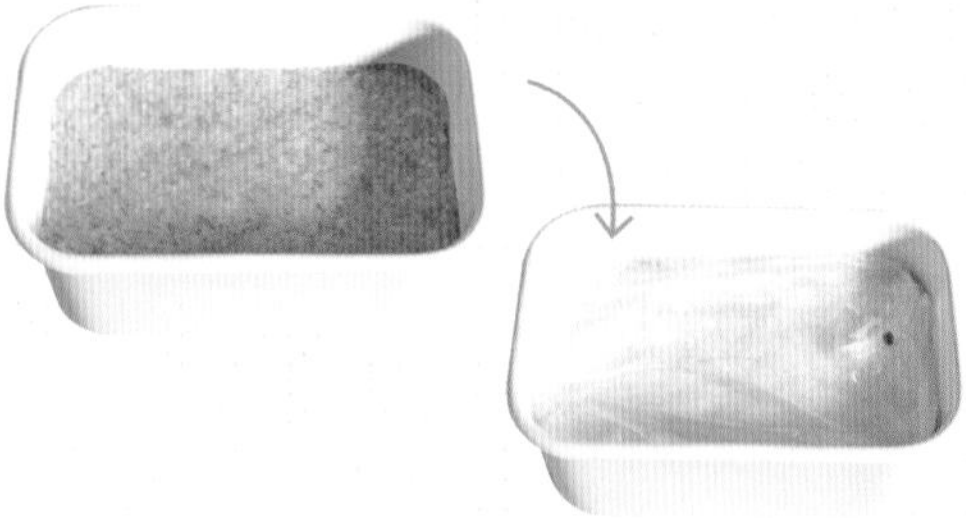

表面が凸凹していると、乾燥を防ぐためのラップとの間に空気が入りやすくなるので、平らになるようになめらかに整える。ラップの上に、袋に入れた塩をのせて密閉する。今回は塩300gを使用。

8. 1年ほど常温に保管する

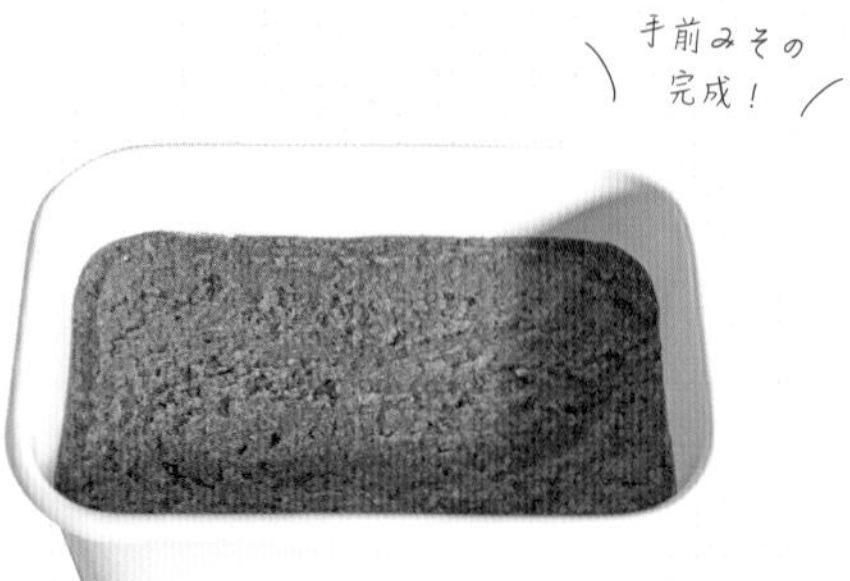

できるだけ温度差が生まれない場所に、そのまま置いたら完成。配合により置く期間は変わってくるが、今回の配合の場合は8か月後から食べられる。1年おくとより味わい深いみそに。

手前みそ作りQ&A

はじめてのみそ作りは、“置いておくだけでいいの？”“途中でカビがついてしまったら…”
といった疑問や不安がつきもの。初心者が気になる疑問を解決します。

Q 麹はどこで手に入る？

A スーパーのほか、みそ蔵や麹屋で購入できます。

麹は手前みそ作りに欠かせません。発酵食品人気で、スーパーでも米麹を見かけるようになりました。漬物コーナーか大豆製品のそばに置かれていることが多いです。みそ蔵や麹屋さんでは、自家製の米麹を購入することができます。お気に入りのみそ蔵で麹を販売していたら、チャンス。自分好みのみそに近付くかもしれません。

Q ずっと放置していてもよい？

A 麹の力を信じ待つのが岩木流。天地返しはしなくてもOK

みそは、ぬか漬けのように毎日混ぜる必要はなく、そのまま置いておくだけでおいしく仕上がります。天地返しといって、仕込みの3か月後くらいに一度空気に触れさせ、麹菌などの微生物の働きを活性化させる考え方もあります。天地返しをする場合は、大きなボウルにみそを取り出し、ヘラを使って仕込んだ時のように空気を抜くように詰め直します。

みそ作り教室も開催する麹店

手前みそ作りの強い味方になるのが、一般向けに販売する麹屋さんです。私が日頃お世話になっている「みやもと糀店」は、米·小麦·豆の3種の麹を製造する、珍しい麹屋さん。さらに、米麹と豆麹は「無農薬」と「減農薬」の2種から選択ができ、そのうち無農薬の原材料は、宮本さん自ら化学肥料も使わずに栽培しています。1～4月末まで千人以上を対象に開催するみそ作り教室は、すぐに予約が埋まる人気ぶり 。

宮本農園・みやもと糀店

愛知県西尾市西幡豆町市場 25-1
☎ 0563-62-6023
https://miyamotokojiten.com/
不定休 ※販売は要予約。来店する際は、要事前連絡

Q 白いカビが生えてきたけど大丈夫？

A カビは無添加の証拠。取り除けば食べられます

無添加の手作りみそは、カビが生えてしまうことがあります。仕込んだ後に容器のフチについてしまったカスはしっかり拭き取り、できるだけ空気に触れないようしっかり密閉することで、カビを生えにくくすることができます。それでも生えてしまった場合は、カビの周囲を取り除けばOK。ほかの部分はおいしく食べられます。

Q 適切な保存場所は？

A 窓の近くや電化製品の近くは避けましょう。

通気性のよい場所に置きましょう。直射日光が当たったり、温度の上りやすい場所は避けてください。できあがったら、冷蔵庫で保存して使います。そのまま常温保管も可能ですが、旨味が増すのと同時に色が濃くなるので、“お好みの味＝完成”になったタイミングで冷蔵庫に移すのがよいでしょう。

知っておきたい
知って得する

みそ知識

みそを最後までおいしく楽しむための保存のコツをご紹介。
いろんな情報が詰め込まれているパッケージの疑問も解説します。

保存のこと

みその賞味期限は？

保存食として親しまれてきたみそは、基本的には賞味期限はないが、パッケージの賞味期限を過ぎると風味や香りが損なわれたり、生みその場合は色が変化することがある。

「水が出てきた！」「フチがカピカピ」対処法は？

みその表面にたまる水分は、旨味成分が凝縮された液体なので、混ぜて使う。フチについたりして乾燥してしまったみそは、みそ汁など湯に溶かして使えば硬さも気にならない。

白い紙や脱酵素剤は取ってもいい？

市販のみそに入っていることがある白い紙や脱酵素剤。これは、乾燥を防いだり、空気に触れて色が変わるのを防ぐためで、開封後は取りのぞいてOK。品質を保つために白い紙の代わりに表面にラップを密着させ、密閉するとよい。

保存は常温？冷蔵？

常温で保存しても腐ることはないが、冷蔵庫で保存すると、風味や香りが変化するのを緩やかにできる。長期保存する場合や塩分量の少ない白みそは、冷凍庫での保存がおすすめ。冷凍してもカチカチに凍ることはない。

表示のこと

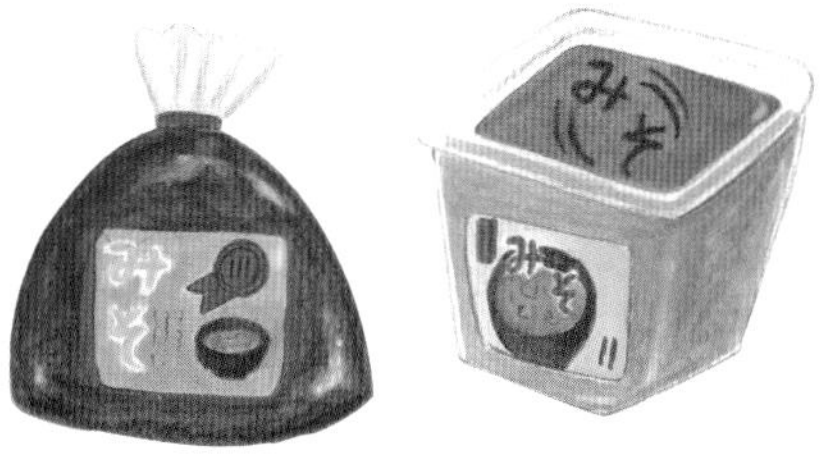

「天然醸造」って？

「天然醸造」と表示のあるみそは、加温により熟成を促進せず、自然発酵で造られたもので、食品衛生法に定める約300種の添加物を使用しないものに限り表示が許されている。

「塩分控えめ」のみそとは？

消費者庁の定義により、同一メーカーのほかのみそなど、比較対象のみそに比べて塩分が15%以上低い場合は「塩分控えめ」「低塩」などと表示できる。塩分の取りすぎが気になる場合は取り入れるのも一案。ただ、塩分控えめだからといって使う量が増えると、ふつうのみそと塩分量が変わらなくなるので、要注意。

「特選みそ」はふつうのみそとどう違う？

同一メーカーのほかのみそと比べて原材料や造り方などに特色がある場合、優れている点と合わせて「特選」または「特撰」と表示できる。例えば、「特選 国産大豆使用」など。

原料・添加物のこと

原料の並び順から味の想像がつく？

原材料は含有量が多い順に並んでいる。みその場合、注目ポイントは「大豆」と「米や麦（麹の原料）」。麹の原料が先に書かれている場合は、麹歩合が高く、甘めの傾向がある。

ビタミンB_2が入っているのはどうして？

原材料に「ビタミンB_2」が入っていることがある。これは、みその発色をよくすることが目的。ビタミンB_2を添加することで、鮮やかな色になる。

アルコールは何のため？

みその中の微生物が生きている場合、発酵が進んで袋が膨らんだり色が変わったりする。それを防ぐため、アルコールや酒精で微生物の働きをおさえている。

第3章

やっぱりみそ汁がすき！

温かいみそ汁は、
いつの時代も日本人のソウルフード。
健康面のメリットも明らかになっています。
毎日無理なくみそ汁を楽しむための
具材のアイデア、レシピを紹介します。

1日1杯のみそ汁で健康になる

汁物であるみそ汁を〝栄養源〟という意識でとっている人は、多くないかもしれません。

戦国時代には兵士の命運を分ける貴重な栄養源だったことは1章でも述べた通り。1杯のみそ汁は、まさに栄養の宝庫なのです。それは、みその原料である大豆に含まれる栄養と、みそを発酵させる微生物の力、具材となる野菜類や海藻類などの栄養を一度にとれるから。

実際に、さまざまな研究で、みそ汁をとることによる健康効果が明らかになっています。注目すべきは、がんのリスクを下げる効果です。1981年に国立がんセンター研究所の平山雄博士によって発表された調査結果では、みそ汁を飲む頻度が高い人ほど、胃がんの死亡率が低くなることが明らかになりました。みそ汁をまったく飲まない人は、毎日飲む人より胃がんによる死亡率が1.5倍も高くな

みそ汁1杯に含まれる栄養素

体をつくる三大栄養素

炭水化物　たんぱく質　脂質

みそは三大栄養素を含んでいるが、なかでも体内では合成できない9種の必須アミノ酸（たんぱく質の一種）がすべて含まれる貴重な食品。

体身体の調子を整える栄養素

●ビタミン類

動脈硬化の予防などに有効なビタミン類も多く含む。ビタミンB_1、B_{12}は微生物が発酵の過程でつくり出す。

ビタミンK　ビタミンE　ビタミンB群

●食物繊維

みその原料である大豆には、腸内環境を整えたり、コレステロール値を下げたりする働きのある食物繊維が豊富。

●ミネラル類

臓器が正常に働くために不可欠なミネラル類も摂取できる。カリウムはみそ汁の定番具材海藻などにも豊富。

ナトリウム　カルシウム　マグネシウム　亜鉛　カリウム　鉄　リン　銅

っていたのです。

　また、乳がんの発生リスクも下げることがわかっています。40～59歳の女性を対象に、みそ汁をはじめ豆腐や納豆などの大豆製品の摂取量と乳がんの発生率の関係を追跡した調査で、みそ汁を1日1杯未満しか飲まない人に比べ、1日2杯の人は26％、3杯以上の人は40％も発生率が減少していたのです。

　がんの原因は遺伝子が変異することですが、みそに含まれる成分には、遺伝子の修復を促し、変異が起こらないようにする働きがあると考えられています。遺伝子の変異は老化や感染症にもつながるので、みそ汁をとることで、これらを防ぐメリットも期待できます。

　健康を意識している人ほど、減塩のためにみそ汁を控えているということがありますが、みそ汁1杯当たりの塩分は約1.2gで、6枚切りの食パン2枚、ウインナーなら3本分と同等。とりわけ塩分が高いわけではないのです。むしろみその成分には高血圧予防の効果があることもわかっています（P9参照）。健康維持にはぜひ1日1杯のみそ汁を！

みそ汁でもっと健康になるポイント

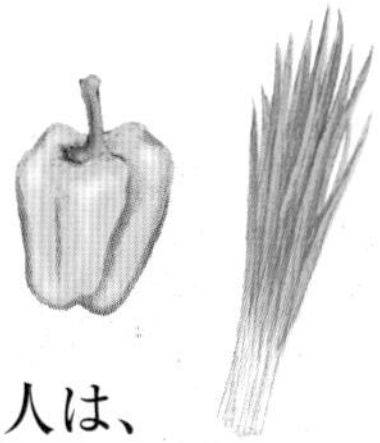

POINT 1

血圧が気になる人は、カリウム豊富な具材を選ぶ

ミネラルの一種カリウムには、ナトリウム（塩分）の排出を促す働きがあるため、高血圧の予防に効果的。塩分が気になる人は、カリウムが豊富な海藻類やいも類、緑黄色野菜を使ったみそ汁に。カリウムは水に流れ出す性質があるため、汁を飲み干すことで無駄なくとれます。

POINT 2

1日の始まりに温かいみそ汁を食べる

朝食にみそ汁をとれば、体が温まって代謝がアップし、活動モードに切り替わる。胃腸の働きもよくなり、消化・吸収による負担を軽減できる。起床時は体内の水分が不足しているので、水分摂取にも。暑い季節は敬遠しがちだが、クーラーで体の冷える夏にもおすすめ。

POINT 3

ごはんと一緒にみそ汁を食べる

主食である米のたんぱく質には、必須アミノ酸のリジンが不足している。一方、みその原料である大豆にはメチオニンという必須アミノ酸が不足しているが、ごはんとみそ汁を一緒に食べることで、よりバランスのよい食事になる。

POINT 4

魚が不足しがちな人は、みそ汁の具材に魚を選ぶ

魚の油「EPA」「DHA」には、血液をサラサラにして動脈硬化を防いだり、細胞の酸化を防いで老化を抑制する効果が期待できる。おかずとして魚を食べる機会が少ない人は、みそ汁の具をさばやツナの水煮缶にして、摂取機会を増やしてみてはいかが。

マンネリ知らず！ みそ汁の組み立て

みそ汁は、だしに具材を入れ、みそを溶けばできあがります。イメージ的には簡単な料理ですが、裏を返せば、同じレシピのくり返しになりやすいということ。

私は、「色」「切り方」「組み合わせ」の3つを意識して、毎日いろいろな具材のみそ汁を作って楽しんでいます。

食材の色に注目してみると、具材選びに迷うことが少なくなります。大根や油揚げなどの定番食材は、切り方を工夫してみましょう。形一つで見た目も食感も変わって、まったく異なる表情を見せてくれます。

複数の食材を組み合わせるときは、ほかの料理から連想すると、失敗知らず。そのとき冷蔵庫にたまたまあるものの組み合わせでも、みそがまとめてくれます。

いろいろ試して、「この具材がこんなにみそ汁に合うなんて！」と、新発見を楽しんでみてください。

岩木流 みそ汁の組み立て3か条

一、具材は一つでもよし。色から連想する

二、具材の切り方を変えて見た目や食感に変化をつける

三、みそ汁以外の料理から具材の組み合わせを連想する

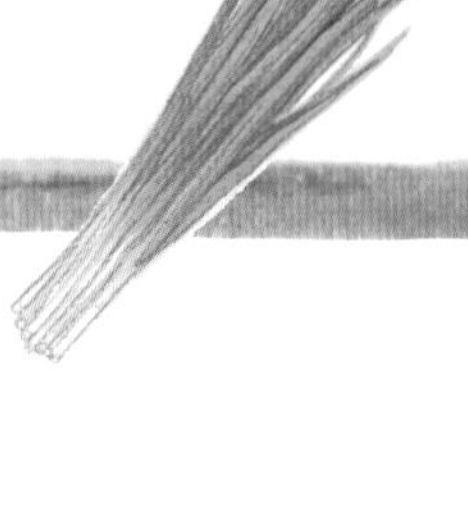

一、具材は一つでもよし。色から連想する

緑の具材

青ねぎのみそ汁

【2人分の作り方】
鍋に水300mℓ、和風顆粒だし小さじ¼、みそ大さじ2を入れてよく混ぜ、火にかける。ひと煮立ちしたら火を止め、斜めに切った青ねぎ2本を入れる。青ねぎは、加熱しすぎないことで緑色がキレイに仕上がる。

そのほかの緑の具材：ほうれん草、小松菜、ニラ、三つ葉、貝割れ大根、ブロッコリーなど

赤の具材

ミニトマトのみそ汁

【2人分の作り方】
鍋に水300mℓ、和風顆粒だし小さじ¼、みそ大さじ2を入れてよく混ぜ、火にかける。半分に切ったミニトマト6個を入れ、ひと煮立ちしたら火を止める。黄色のミニトマトも混ぜると、よりカラフルな仕上がりに。

そのほかの赤の具材：トマト、赤パプリカ、たこ、梅干しなど

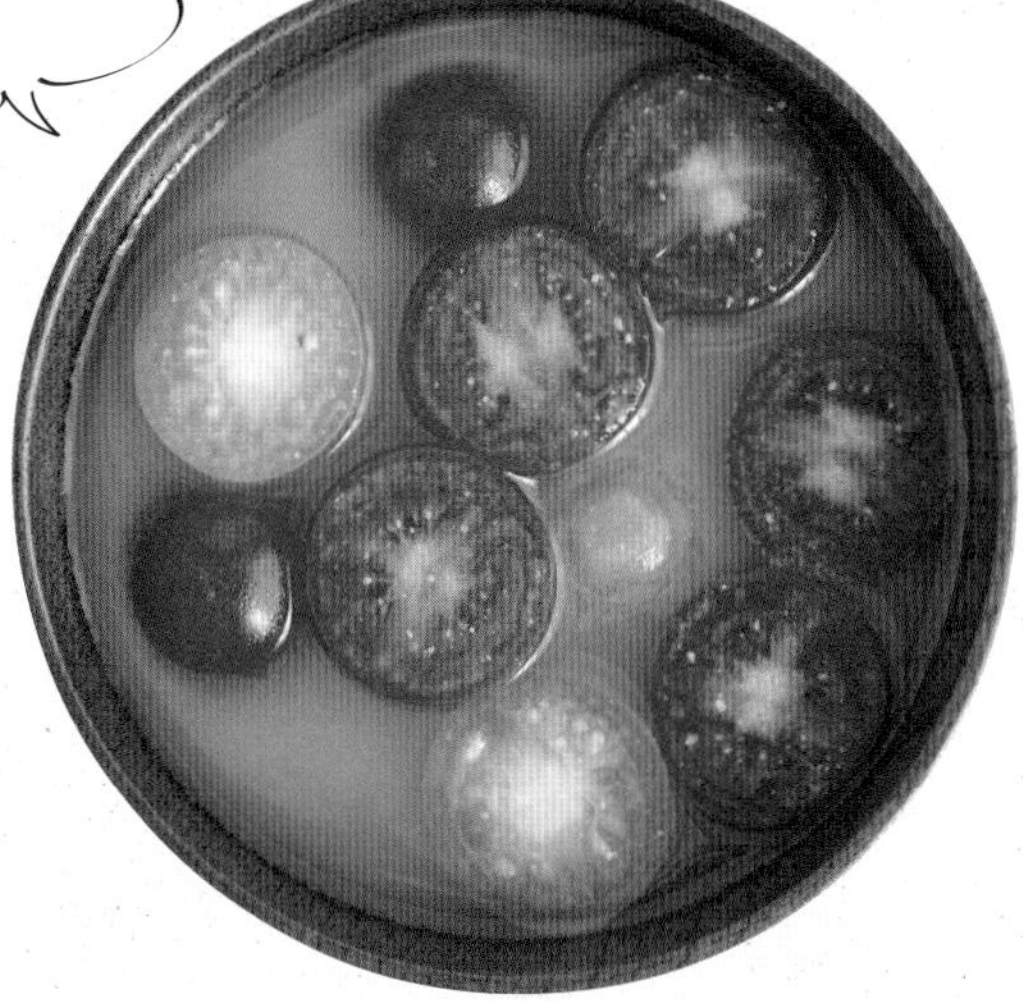

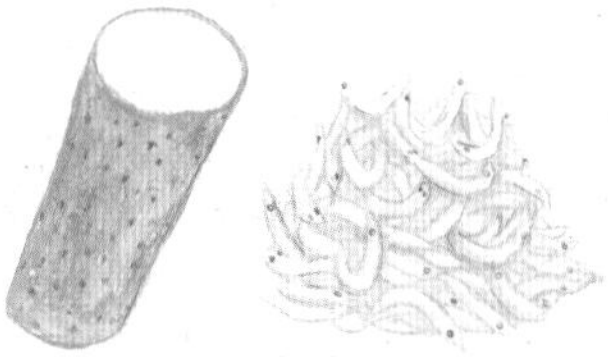

白の具材

しらす、長芋、大根、豆腐など

しらすはお湯をかけて臭みをとるとよい。長芋や大根は、すりおろしたり、千切りや角切りにしたりと、切り方を変えて楽しんで。

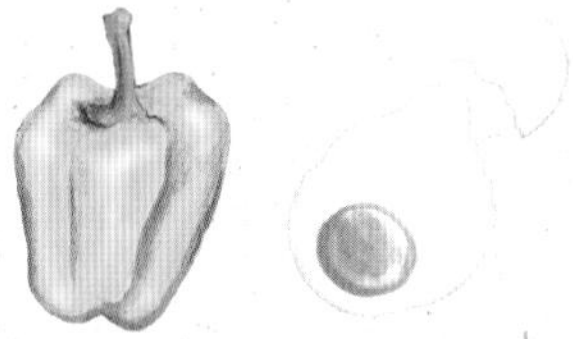

黄色の具材

卵、黄パプリカ、さつまいもなど

パプリカは少量の油で焼き色がつくまで焼いてから使うと、甘味が強くなる。卵は、定番の溶き卵のほか、最後に落としてお月見風にも。

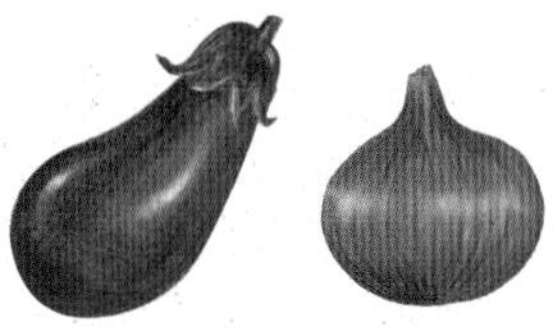

紫の具材

なす、紫たまねぎ、紫いもなど

なすは、好みの形に切って油であえ、焼いてから加えると旨味が増す。紫たまねぎの甘味をしっかり出したいときは加熱時間を長くする。

二、具材の切り方を変えて見た目や食感に変化をつける

根菜の切り方いろいろ

定番具材のひとつ、大根やにんじんなどの根菜は、切り方も自由自在。すりおろすと一度にたっぷり食べられる。

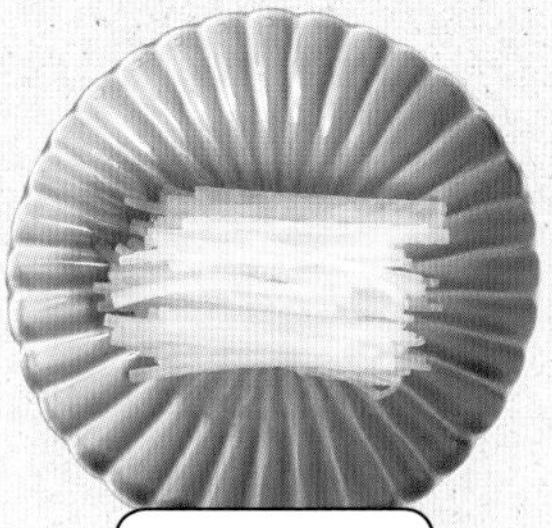

- 千切り -

火の通りが早いので時短に。冷や汁にもおすすめ。

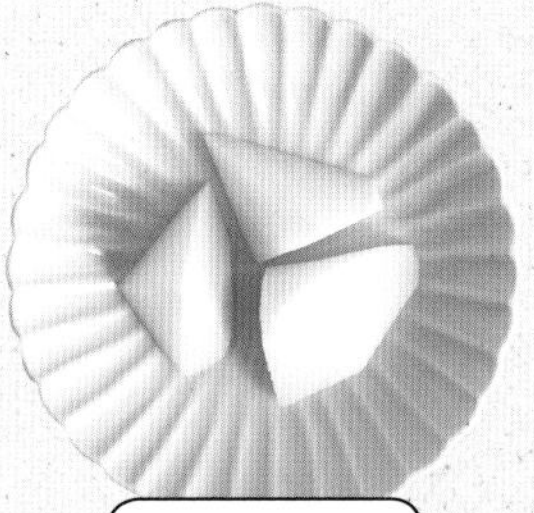

- 乱切り -

大き目の乱切りは食べ応えがほしいときに。

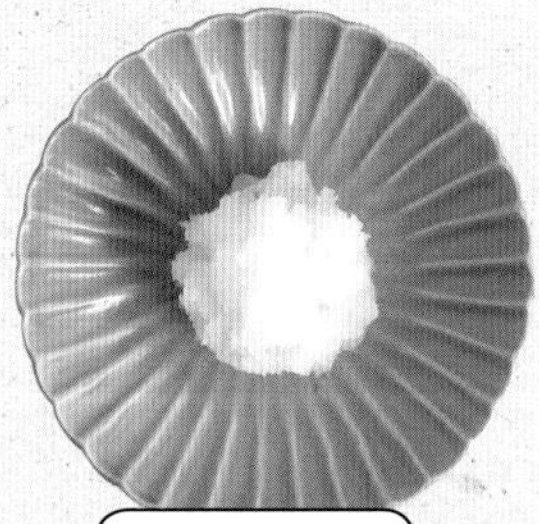

- すりおろし -

片栗粉でとろみをつけてもおいしい。

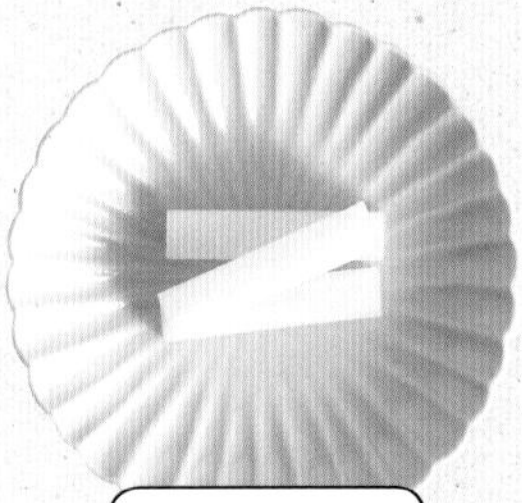

- 拍子木切り -

みそ汁には長さ 3 ～ 4cm、幅 0.5 ～ 1cm がおすすめ。

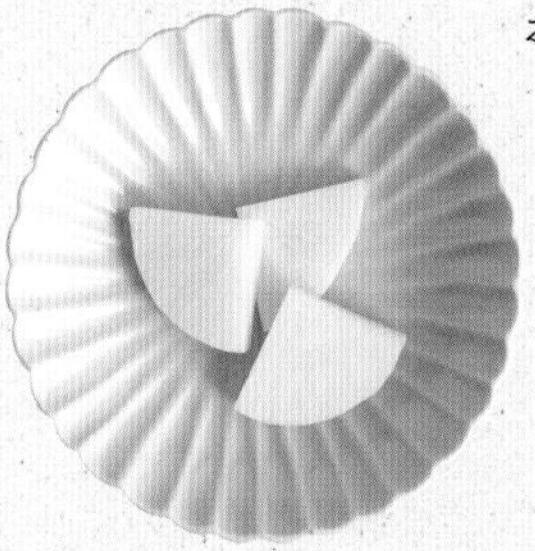

- いちょう切り -

薄めか厚めかでも食感が変わる。その日の気分で。

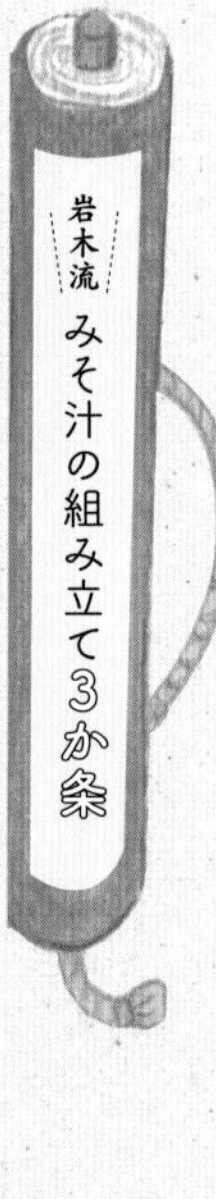

大根おろしのみそ汁

【２人分の作り方】
鍋に水 300mℓ、和風顆粒だし小さじ ¼、ほぐしたしめじ 30g を入れ、中火で２～３分煮る。みそ大さじ２を溶き、大根 100g をおろして加える。みそは煮立たせると香りが飛んでしまうため、具材に火を通す場合は仕上げに加える。

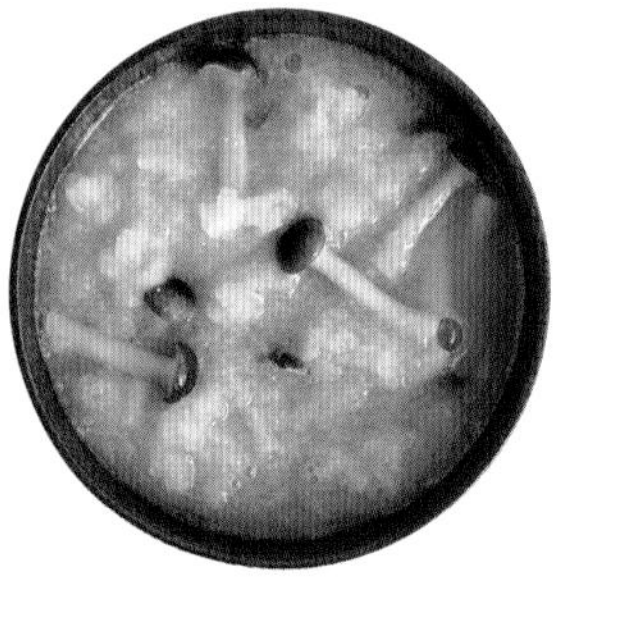

油揚げの切り方いろいろ

油揚げはいろいろな食材と合わせやすい万能具材。大きめの三角切りにすると、主役級の食べ応えに。

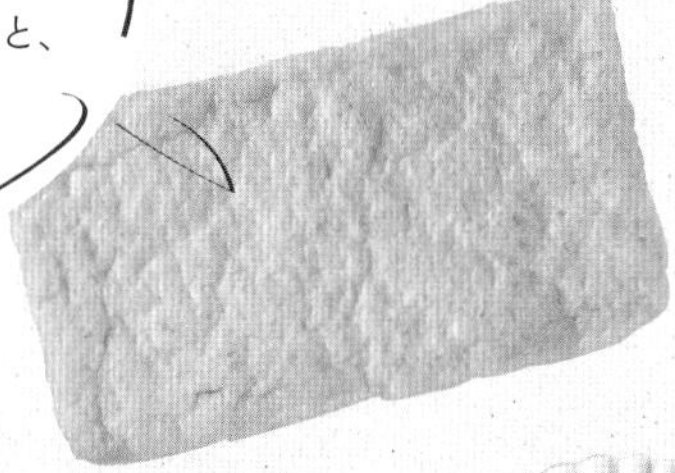

- 三角切り -

縦半分に切った後、斜めに切る。

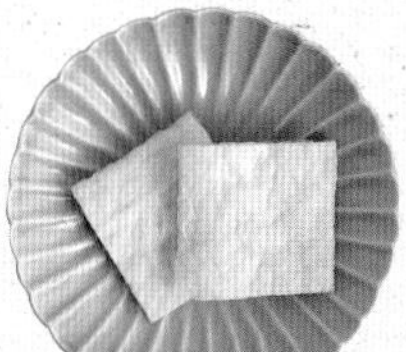

- 色紙切り -

縦半分に切った後、十字に切る。

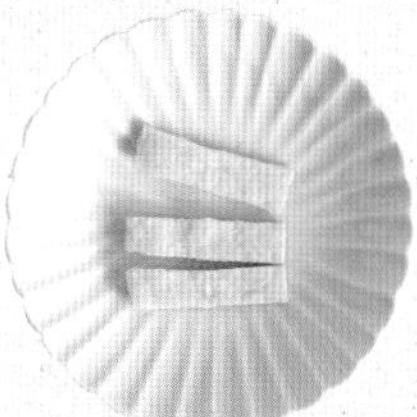

- 短冊切り -

横半分に切り、７～８㎜幅の短冊に。

三角油揚げのみそ汁

【２人分の作り方】
鍋に水 300㎖、和風顆粒だし小さじ ¼、三角切りにした油揚げ２枚を入れ、中火で２～３分煮る。みそ大さじ２を溶き、薄切りにした長ねぎを適量加える。

三. みそ汁以外の料理から具材の組み合わせを連想する

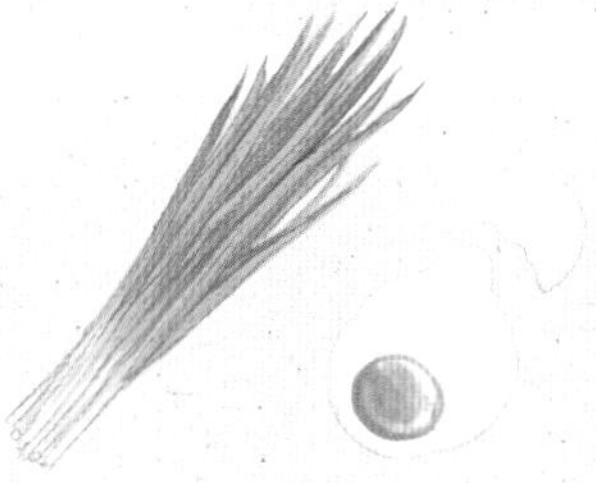

ニラ×卵

ニラ玉風みそ汁

このほか、「チンジャオロース」からたけのことピーマン、「きんぴらごぼう」からごぼうとにんじんなど、定番おかずの組み合わせをお手本に。

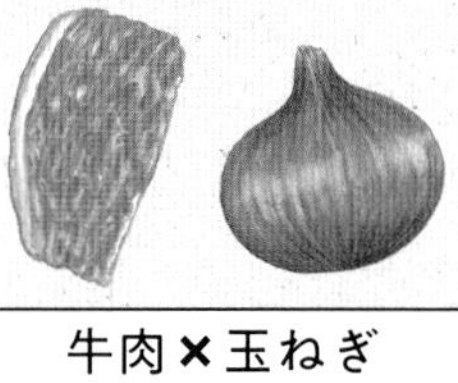

牛肉×玉ねぎ

牛丼風みそ汁

丼ものからの連想もおすすめ。「親子丼」から鶏肉と卵、「牛すき丼」から牛肉としらたきと長ねぎ、「アボカドサーモン丼」から鮭とアボカドなど。

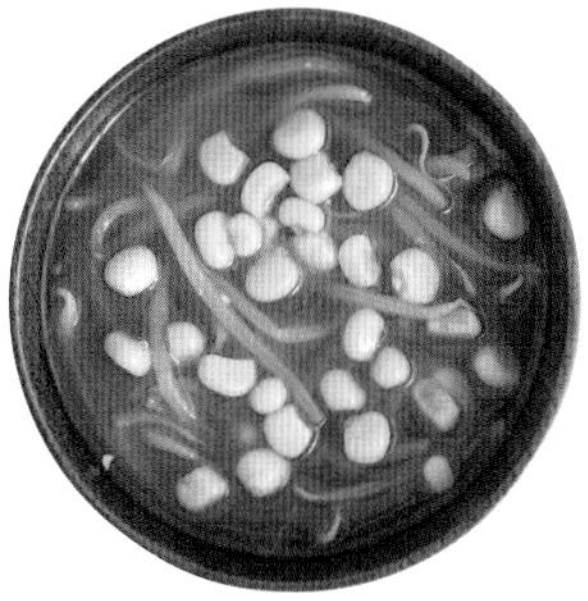

もやし×コーン

みそラーメン風みそ汁

【２人分の作り方】
鍋に水 300㎖、和風顆粒だし小さじ ¼、もやし ¼ 袋（50g）、コーン大さじ２を入れ、中火で２～３分煮て、みそ大さじ２を溶く。バターを加えるとより◎

みそ汁の四大お悩みを解決！

お悩み❶
毎日作るのが
面倒……。
お悩み❷
洋食のときは
合わせられない
お悩み❸
一汁三菜
そろえるのは大変
お悩み❹
暑い季節は
食べたくない

最近は、みそ汁を作ったり食べたりする機会が減っているという人も多いようです。みそ汁をあまり作らない人たちからは、「時間もないし、面倒に感じてしまう」「和食以外のときは合わせられない」「夏は食べる気にならない」といった声が聞かれます。

そこで、よくある4つのお悩みをズバッと解決できるみそ汁のアイデアを紹介します。まず紹介するのは「自家製インスタントみそ汁」。鍋を使わずにパッと作れる簡単みそ汁です。献立が洋食のときには、「マグカップスープ」がおすすめ。洋食でもみそは楽しめます。

一汁三菜をそろえるのが大変なときには、「具だくさんみそ汁」を。副菜や主菜も兼ねられる、食べ応え十分の一品です。

最後は、夏バテしたときこそ食べたい「疲労回復冷や汁」を紹介します。もちろん夏以外でもおいしく食べられます。

お悩み①を
解決！

＼だしいらずの／

自家製インスタントみそ汁

＼ 乾物で ／

わかめと
かつお節のみそ汁

材料（1杯分）

熱湯	150mℓ
みそ	大さじ1
乾燥わかめ	大さじ1
かつおぶし	ひとつかみ

作り方

お椀に熱湯を注ぎ、みそ、わかめ、かつおぶしを加えてよく混ぜる。

Arrange①

桜エビで

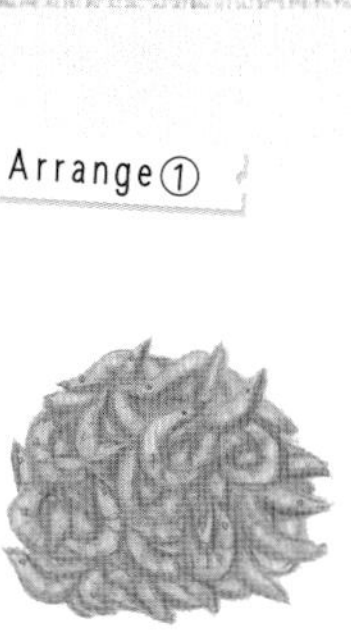

熱湯150mℓとみそ大さじ1を溶いたお椀に桜エビ大さじ1を加える。少量加えるだけでうまみがアップ。香ばしい風味も加わる。

Arrange②

切り干し大根で

お椀に熱湯150mℓ、みそ大さじ1、切り干し大根ひとつかみを入れる。デトックス効果が期待できるので、飲みすぎた後におすすめの一杯。

Arrange①

サバ缶で

熱湯150mℓ、みそ大さじ1、水気をきったさば水煮½缶をお椀に入れる。サバに含まれるEPA、DHAは血管の老化を防ぐ効果が期待できる。

Arrange②

ツナ缶で

水煮タイプのツナ缶½缶の汁気をよく切り、熱湯150mℓとみそ大さじ1を溶いたお椀に入れる。良質なたんぱく質を補給できる。

Arrange③

カニ缶で

ちょっと高価なカニ缶を使ったみそ汁は、自分へのご褒美に。熱湯150mℓ、みそ大さじ1とともに、汁気をきったカニ缶½缶をお椀に入れ混ぜる。

Arrange④

ホタテ缶で

熱湯150mℓ、みそ大さじ1、水気をきったホタテ缶½缶をお椀に入れる。ホタテは、血液中のコレステロール値を下げるタウリンが豊富。

＼常備しやすい食品で／

春雨とキムチのみそ汁

材料（1杯分）

熱湯	150mℓ
みそ	小さじ2
乾燥春雨（ショートタイプ）	10g
キムチ	20g

作り方

1. 春雨を熱湯した湯で2～3分ゆで、ざるにあける。
2. お椀に熱湯を注ぎ、1.とみそ、キムチを入れて混ぜる。

お悩み②を解決！

＼洋食に合う／マグカップスープ

白みそのコーンポタージュ

材料（2人分）

コーンクリーム缶	200g
A 無調整豆乳	100mℓ
A 白みそ	小さじ2
油揚げ、パセリ	適量

作り方

1. 油揚げは1cm角に切り、フライパンで焼き色が付くまで焼く。
2. 鍋にAを入れよく混ぜ、ひと煮立ちしたら火を止める。
3. カップに 2. を注ぎ、1. とパセリをトッピングする。

Arrange②

豆みそ×トマト缶×フライドオニオン

豆みそでつくるトマトポタージュ。鍋にトマト缶100gと水50mℓを入れ、火にかけ、豆みそ大さじ½を溶く。器に盛ってフライドオニオンを振る。好みでフライドガーリックでも。

Arrange①

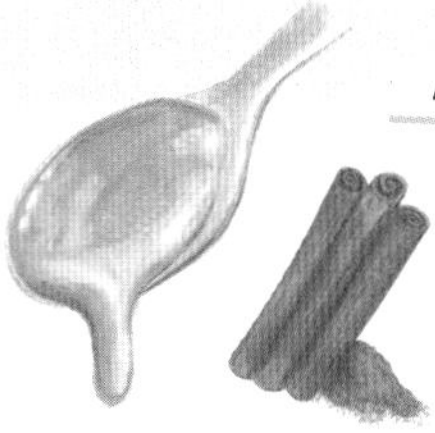

白みそ×はちみつ×シナモン

白みその甘味を生かしたホットドリンク。鍋に牛乳または豆乳150mℓを入れ、火にかけ、白みそ大さじ1とはちみつ大さじ½を溶き、シナモンを振る。

＼おかずになる／

具だくさんみそ汁

お悩み③を
解決！

定番豚汁を
ひと工夫

豚汁カレー風味

材料（2人分）

たまねぎ	½個
にんじん	½本
じゃがいも	1個
豚バラ薄切り肉	100g
青ねぎ	1本
A 水	450mℓ
A 和風顆粒だし	小さじ½
B みそ	大さじ3
B カレー粉	大さじ½

作り方

たまねぎは横半分に切りさらに1cm幅のくし切り、にんじんは乱切り、じゃがいもは8等分に切り5分水に浸ける。青ねぎは小口切りにする。

2. 鍋にねぎ以外の　と豚肉、Aを入れフタをし、中火で15分煮る。
3. Bを加えて味をととのえ、器に盛ったら青ねぎをちらす。

Point カレー粉を入れずに作ると定番の豚汁に

エビ×卵で
たんぱく質を
しっかり補給

エビ玉レタスのみそ汁

材料（2人分）

冷凍エビ		100g
酒		大さじ1
A	水	450mℓ
	和風顆粒だし	小さじ½
	みそ	大さじ3
レタス		2枚
卵		1個

作り方

1. エビは解凍しておく。卵は溶きほぐし、レタスは手で食べやすい大きさにちぎる。
2. 鍋にエビと酒を入れひと煮立ちさせ、アルコールを飛ばし、鍋から取り出す。
3. きれいにした鍋に**2.**とAを入れひと煮立ちさせる。卵を流し入れ、全体が固まったら、レタスを加える。

Point
- エビを解凍するときは、常温におくか袋のまま流水にあてて解凍する
- 卵は沸騰したところに手早く入れると、ふわっと仕上がる
- 水の代わりにココナッツミルクを入れるとエスニック風に

しめのラーメン
代わりにも
おすすめ！

麻婆豆腐みそ汁

材料（2人分）

絹豆腐		300g
豚ひき肉		120g
長ねぎ		½本（50g）
A	ごま油	小さじ1
	おろしにんにく	小さじ2
	おろししょうが	小さじ2
酒		大さじ2
B	水	450mℓ
	中華顆粒だし	小さじ½
みそ		大さじ3

作り方

1. 長ねぎはみじん切り、豆腐は大きめの角切りにする。
2. 鍋に長ねぎとAを入れ、香りが立ってきたらひき肉と酒を加え炒める。肉に火が通ったら、Bを加えて中火で1～2分煮る。
3. みそを溶き、豆腐を加えて弱火でさらに2～3分煮る。

   Point 色味をプラスしたいときは、好みで糸唐辛子をトッピングしても

シーフードみそ汁

材料（2人分）

冷凍シーフードミックス		200g
酒		大さじ2
A	水	450mℓ
	和風顆粒だし	小さじ½
	みそ	大さじ3
長ねぎ		4cm分

作り方

1. シーフードミックスは解凍しておく。長ねぎは細切りにする。
2. 鍋にシーフードミックスと酒を入れひと煮立ちさせ、アルコールを飛ばし、鍋から取り出す。
3. きれいにした鍋に **2.** とAを入れひと煮立ちさせ、弱火にしてみそを溶き、長ねぎを加える。

Point シーフードミックスを解凍するときは、常温におくか袋のまま流水にあてて解凍する

みそ×だしのおいしい合わせ方

みそ汁を作る際に登場するだし。地域性があるので、慣れ親しんだものを使うのもよいですが、みその特徴に合わせてだしを変えてみるのも、みそ汁を楽しむ方法のひとつです。ひと手間かけてていねいにだしをとると、心穏やかに過ごすことができますし、時間のない日には無添加タイプのだしパックや顆粒粉末を活用するのも一案です。みその味わいを活かして、だしの種類を変えるアイデアを紹介します。

昆布を使って上品に

Paring 01

昆布だし

×

白みそ、甘口みそ

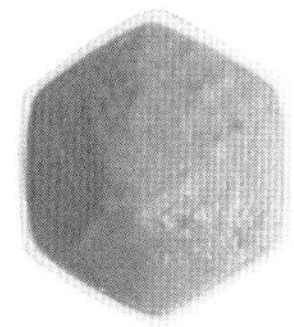

白みそや甘口みそなど優しい味わいのみそには、その風味を活かすのに昆布だしがおすすめ。昆布の種類で味わいも変わる。著者のいち押しは、癖がなくすっきりした旨味の北海道で採れる利尻昆布。

水に浸けるだけ！お手軽昆布だし

より手軽に昆布だしを用意するなら、水出しの方法も。水の量に対して1%の昆布（みそ汁2杯分なら水300㎖：昆布3g）を容器に入れ、30分から一晩浸けるだけ。

魚の旨味

Paring 02

かつおだし
煮干しだし

×

淡色・中辛みそ
赤・辛口みそ

中辛の淡色みそや辛口の赤みそには、しっかりした風味のかつおや煮干しなど魚系のだしが合う。

九州風

Paring 03

あごだし

×

麦みそ

麦みそは、九州地方でよく使用されているあご（とびうお）だしを合わせてみて。

旨味倍増

Paring 04

貝だし

×

豆みそ

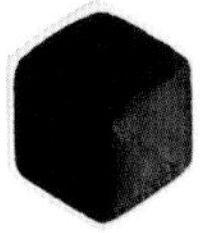

旨味の強い豆みそは、同じく旨味が強く味わいのしっかりした、あさりやしじみなどの貝だしが相性◎

お悩み④を
解決！

\ 夏バテ防止に /

疲労回復冷や汁

Recipe 01

豆腐の定番冷や汁

【2人分の作り方】
ボウルに水300mℓ、和風顆粒だし小さじ¼、みそ大さじ2を入れてよく混ぜる。お椀に手で割った豆腐、薄切りにしたきゅうりとみょうがを入れ、汁を注ぐ。豆腐の代わりにサバ缶を活用したり、おろししょうがや白すりごまを加えても。

Point

暑い季節にたんぱく質や塩分を補給

食欲の落ちやすい夏でも、豆腐の良質なたんぱく質をしっかりとれる。汗をかきやすい季節は冷や汁で塩分補給を。

Recipe 02

豚しゃぶのさっぱり冷や汁

【2人分の作り方】
ボウルに水300mℓ、和風顆粒だし小さじ¼、みそ大さじ2を入れてよく混ぜる。しゃぶしゃぶ用豚肉を沸騰した湯でサッとゆでて冷水に取る。お椀に豚肉を入れて汁を注いだら、薄切りの輪切りレモンをのせる。レモンの皮をすって入れても。

Point

ビタミンB_1とクエン酸の相乗効果

豚肉に豊富なビタミンB_1とレモンの酸味成分・クエン酸は、どちらも疲労回復に効果的。温めてもおいしいので、冬にもおすすめ。

Recipe 03

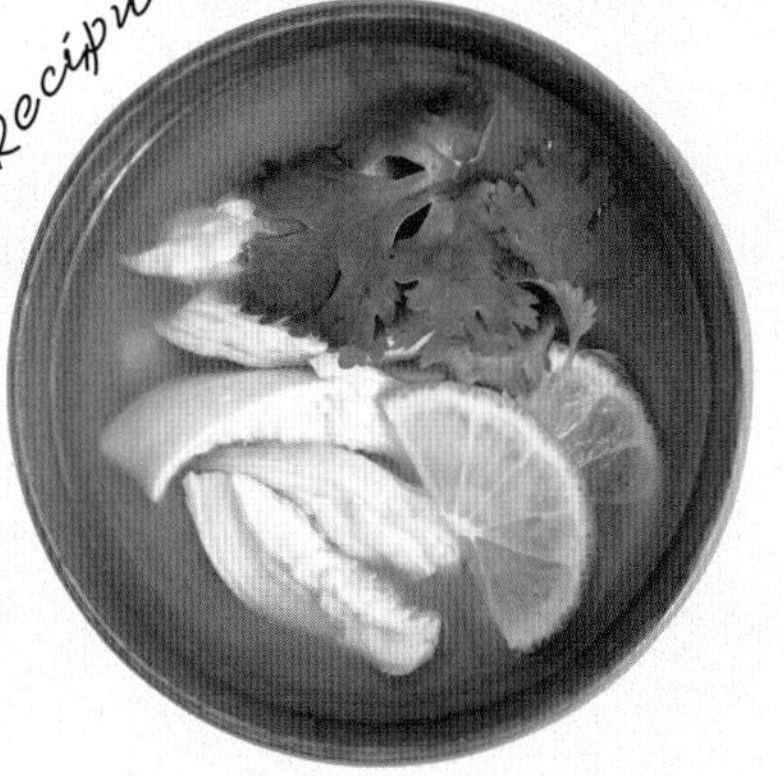

鶏肉とライムのエスニック冷や汁

【2人分の作り方】
ボウルに水300mℓ、和風顆粒だし小さじ¼、みそ大さじ2を入れてよく混ぜる。火が通りやすいように薄切りにした鶏胸肉は沸騰した湯で3～4分ゆでて粗熱が取れたら手で裂く。お椀に鶏胸肉を入れ汁を注ぎ、パクチーと薄切りにした半月切りライムをのせる。

Point

鶏むね肉には注目の疲労回復成分が

鶏むね肉に含まれるイミダペプチドという成分には、高い疲労回復効果があることが明らかになってきている。

Recipe 04

白みその梅干し冷や汁

【2人分の作り方】
梅干し2個の種を取り包丁でたたいてペーストにする。ボウルに水300mℓ、和風顆粒だし小さじ¼、白みそ大さじ3、ペーストにした梅干しを入れてよく混ぜる。お椀に汁を注ぎ、具材用の梅干しを1つずつ盛る。赤色が濃いものを使うと、汁がピンクになる。

Point

梅干しの酸味で疲れをとり、食欲アップ

梅干しのクエン酸は、疲労回復効果だけでなく、唾液などの分泌を促して、食欲を増進させたり、消化を助ける働きも期待できる。

Recipe 05

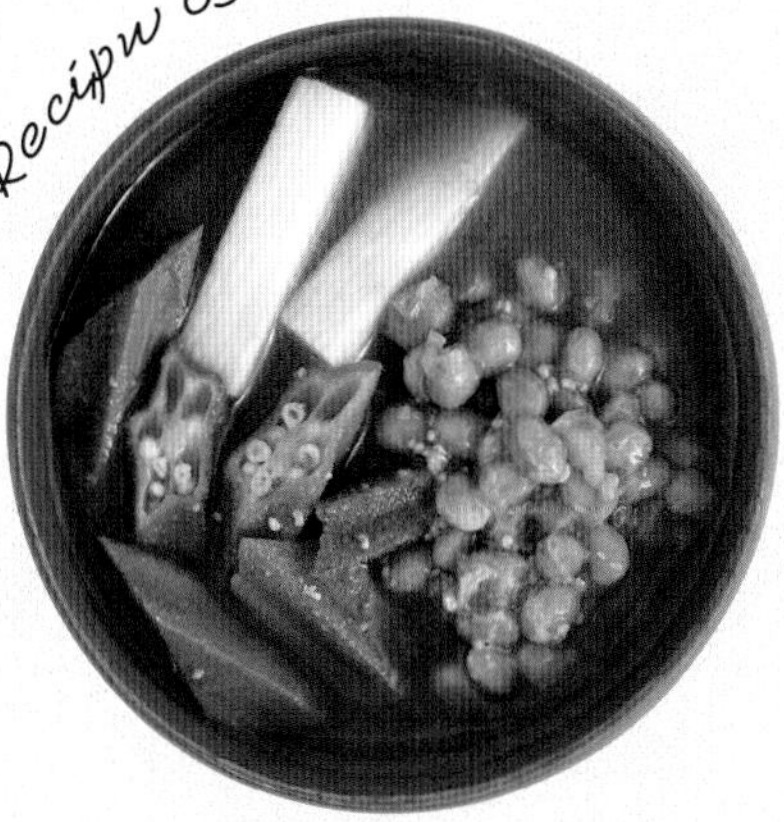

オクラと納豆のねばねば冷や汁

【2人分の作り方】
ボウルに水300mℓ、和風顆粒だし小さじ¼、みそ大さじ2を入れてよく混ぜる。ヘタとガクを取ったオクラを、塩少々を加え沸騰した湯で1分ほどゆでて斜め半分に切る。長芋は3～4cmの拍子木切りにする。お椀にオクラ、長芋、納豆を入れ、汁を注ぐ。

Point

ダブルの大豆パワーで心身スッキリ！

大豆に豊富なレシチンが不足すると、体や脳の疲れを感じやすくなる。みそと納豆、ダブルの大豆パワーでレシチンを補給できる。

都道府県別 みそ蔵・メーカー・専門店さくいん

本書の中で紹介した全国のみそ蔵、大手みそメーカー、みそ専門店、麹店を都道府県別にまとめました。

木桶仕込みのみそを造っている蔵は、木桶のアイコンで示しています。

（参考文献）

『発酵食品学』小泉武夫 編著（講談社）

『味噌大全』渡邊敦光 監修（東京堂出版）

『自家製味噌のすすめ―日本の食文化再生に向けて』石村眞一 編著（雄山閣）

『みそ文化誌』全国味噌工業協同組合連合会

『信州味噌の歴史』長野県味噌工業協同組合連合会

実践料理研究家 岩木みさきの

みそ探訪記

MISO LEGWORK

「みその魅力を伝えたい」「いつまでも伝統的な木桶仕込みのみそを残したい」という想いのもと、みその情報発信サイトとして２０１８年2月に開設しました。「みその話」「みそ巡り・みそめし」「みそ探レシピ」「みそ便り」の４つのコンテンツを用意し、みそに関する知識や歴史について、私が実際に探訪した蔵やみそ料理を提供するお店の紹介、みそを活用したレシピの紹介などを記事にしています。みそを造り手の皆様と消費者の皆様を紡ぐ場所になるよう、心を込めて制作した記事をお届けします。

本気 木桶仕込み

ガチみそ®

ガチみそとは「日本の伝統である木桶仕込みのみそ」「職人さんが本気(ガチ)でつくったみそ」という定義のもと、私がつくった造語です。木桶自体が希少であること、扱いが難しいこと、本気じゃないと維持できないこと。そんな木桶で造られたみそを「ガチみそ®」と名付け、たくさんの方に伝えたいと思っています。木桶仕込みのみそをもっと手軽に楽しんでほしいという想いから、200gの小さなみそをプロデュースしました。ガチみそシリーズ８種があれば、みそを色々と楽しむことができます。https://www.s-shoyu.com/

岩木みさき（いわき・みさき）
実践料理研究家・みそ探訪家

拒食症・過食症・ひどい肌荒れに悩み、食生活を見直し改善に成功。“日々の中で実践出来ることが健康につながる”と考え“生産と消費のサイクルを紡ぐ”をテーマに、日本各地の現地取材、レシピ考案・撮影、ラジオやTV等のメディアにも出演。料理教室misa-kitchenを主催。講演やイベント含む料理教室講師回数は1350回を超える。“みそ”に魅せられ日本各地のみそ蔵60か所を探訪。これまでに食べたみそは600種以上。木桶仕込みのみそを「ガチみそ®」と名付け、日本の伝統調味料みその魅力を伝えたいと活動中。

〈HP〉http://www.misa-kitchen.jp　〈みそ探訪記〉http://misotan.jp/

奇跡の発酵調味料　みその教科書

2020年2月3日　初版第一刷発行
2022年9月20日　第二刷発行

著者　岩木みさき
発行者　澤井聖一
発行所　株式会社エクスナレッジ
〒106-0032 東京都港区六本木7-2-26
https://www.xknowledge.co.jp/

問合わせ先
編集　TEL：03-3403-6796
FAX：03-3403-0582
info@xknowledge.co.jp
販売　TEL：03-3403-1321
FAX：03-3403-1829